Von Additionstafel bis Zauberdreieck

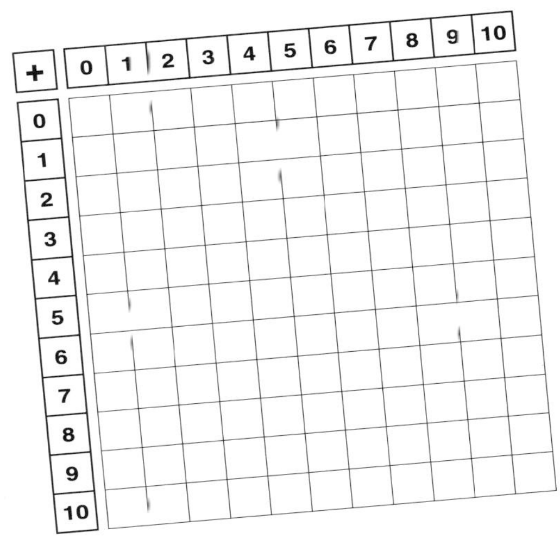

Blankovorlagen und Anschauungsmaterial für den Mathematikunterricht

Verlag an der Ruhr

Impressum

Titel der englischen Originalausgabe:
Maths Mastergrids

© der englischen Originalausgabe:
Paul Swan 2000
First published in 2000 by R.I.C. Publications
Reprinted under license in 2001 by Prim-Ed Publishing

Titel der deutschen Ausgabe:
Von Additionstafel bis Zauberdreieck.
Blankovorlagen und Anschauungsmaterial für den Mathematikunterricht

Autor: Paul Swan
Bearbeitung für Deutschland: Verlag an der Ruhr
Druck: Druckerei Uwe Nolte, Iserlohn

Verlag an der Ruhr
Alexanderstraße 54 – 45472 Mülheim an der Ruhr
Postfach 10 22 51 – 45422 Mülheim an der Ruhr
Tel.: 0208/439 54 50 – Fax: 0208/439 54 239
E-Mail: info@verlagruhr.de
www.verlagruhr.de

© der deutschen Ausgabe
Verlag an der Ruhr 2007
ISBN 978-3-8346-0249-7

geeignet für die Klasse 1 2 3 4 5

Die Schreibweise der Texte folgt der neuesten Fassung der Rechtschreibregeln – gültig ab August 2006.

Inhaltsverzeichnis

Vorwort 7

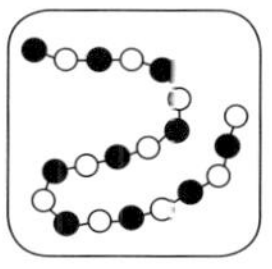

Zahldarstellung

Zehner-Feld 18
Zwanziger-Feld (Quadrate) 19
Zwanziger-Feld (Punkte) 20
Hunderter-Tafel (17 cm • 17 cm) 21
Hunderter-Tafel (11 cm • 11 cm) 22
Hunderter-Tafel (7,5 cm • 7,5 cm) 23
Hunderter-Tafel (blanko 11 cm • 11 cm) 24
Hunderter-Tafel (blanko 7 cm • 7 cm) 25
Hunderter-Feld 26
Tausender-Streifen mit Zahlen 27
Tausender-Streifen mit Punkten 29
T, H, Z, E in Würfeldarstellung 31
Stellenwert-Tafel 32
Stellenwert-Tafel (blanko) 33
Stellenwert-Karten (E und Z) 34
Stellenwert-Karten (H und T) 35
Pfeilkarten (Einer) 36
Pfeilkarten (Zehner) 37
Pfeilkarten (Hunderter) 38
Pfeilkarten (Tausender) 39
Zwanziger-Kette 40
Hunderter-Kette 41
Hunderter-Zahlenstrahl 42
Zahlenstrahl 43
Zahlenstrahl/Rechenstrich 44
Ziffernkarten mit Rechenzeichen 45

Grundrechenarten

Zahlenhäuser 46
Additionstafel 0–10 (17 cm • 17 cm) 47
Additionstafel 0–10 (7,5 cm • 7,5 cm) 48
Additionstafel 1–10 (blanko 17 cm • 17 cm) 49
Additionstafel 0–10 (blanko 17 cm • 17 cm) 50
Zahlenpyramiden 51
Zauberdreiecke 52
Zauberquadrate 53
Magische Quadrate 54
Rechendreiecke 55
Würfeltabelle 56
Einmaleins-Tafel 0–10 (17 cm • 17 cm) 57
Einmaleins-Tafel 0–10 (7,5 cm • 7,5 cm) 58
Einmaleins-Tafel 0–10 (blanko 11 cm • 11 cm) 59
Einmaleins-Ketten 60
Einmaleins-Tafel (gr. Einmaleins) 62

Inhaltsverzeichnis

Einmaleins-Tafel (gr. Einmaleins/blanko) 63
Nepersche Streifen 64
Einmaleins-Gitter 65

Zeit & Größen

Lineal 0–20 66
Basteluhr 67
Zifferblätter (arabische Zahlen) 68
Zifferblätter (römische Zahlen) 69
Uhrzeit – Digitalanzeigen 70
Zifferblätter mit Digitalanzeigen 71
Kalendervorlage Monat (blanko) 72

Geometrie

Quadratpapier (10 mm) 73
Quadratpapier (20 mm) 74
Punktgitter quadratisch 75
Dreieckspapier 76
Punktgitter dreieckig 77
Geobrett-Gitter 4 • 4 (groß) 78
Geobrett-Gitter 4 • 4 (klein) 79
Geobrett-Gitter 5 • 5 (groß) 80
Geobrett-Gitter 5 • 5 (klein) 81
Neuner-Kreis 82
Zehner-Kreis 83
Zwölfer-Kreis (groß) 84
Zwölfer-Kreis (klein) 85
Vierundzwanziger-Kreis 86
Quadrat-Sechslinge 87
Würfelnetz 88
Quadernetz 89
Pyramidennetz 90
Formenkärtchen 91
Tangram mit 7 Teilen 92
Tangram mit 5 und mit 7 Teilen 93

Extras

Domino (Punkte) 94
Domino (Zahlen) 95
Positionsgitter 96
Koordinatengitter (Linien) 97
Koordinatengitter (Punkte) 98

Literatur- und Internettipps 99

Vorwort

Einführung

Liebe Lehrerinnen und Lehrer,

Von Additionstafel bis Zauberdreieck soll Ihnen helfen, den Mathematikunterricht in allen vier Schuljahren **zeitsparend und lehrplangerecht** vorzubereiten. Dieses Material wurde über lange Jahre mathematischer Unterrichtserfahrung entwickelt, gesammelt und bearbeitet. Es lassen sich damit viele Aufgaben und Lerngelegenheiten schaffen. Manche der Vorlagen eignen sich für unterschiedliche Einsatzbereiche, andere haben ein ganz bestimmtes Einsatzgebiet. Einige **wichtige Verwendungsmöglichkeiten** werden Ihnen hier kurz vorgestellt. Lassen Sie sich davon ermutigen, **mit den Vorlagen selber zu experimentieren** und eigene Ideen zu ihrem Gebrauch im Unterricht umzusetzen. Damit Sie die Vorlagen möglichst vielfältig einsetzen können, sind sie ganz neutral gehalten.

Wie bereite ich die Vorlagen auf?

- Wenn Sie Vorlagen als Anschauungsmaterial nutzen, das lange in Gebrauch ist, sind die Wiederverwertbarkeit und Haltbarkeit wichtig. Wenn Sie eine Hunderter-Tafel oder einen Zahlenstrahl auf festes Papier kopieren und die Kinder das Material in einer Klarsichthülle in ihren Mathehefter heften, ist es immer griffbereit. Laminieren ist hierzu die etwas teurere Alternative. In beiden Fällen können die Kinder die Vorlagen aber gut mit abwaschbaren Folienstiften beschriften.
- Vorlagen, die sich auch als **Arbeitsblätter** eignen, können Sie vorab mit bestimmten Arbeitsaufträgen oder Rechenzahlen versehen.
- Viele der Vorlagen, die mehrfach auf einem Blatt vorkommen, lassen sich auch zerschneiden und als **Blankomaterial** bereitlegen. Bei Forscheraufträgen oder in der Freiarbeit wird dadurch die Aufgabenmenge nicht durch ein vorstrukturiertes Arbeitsblatt vorgegeben. Auch lassen sich Einzelblätter besser nebeneinanderlegen und vergleichen, um z.B. Strukturen in den Aufgaben zu erkennen.
- Zur Erarbeitung eines Themas im Sitzkreis können Sie die Vorlagen auf **DIN-A3-Größe vergrößern** oder für den Overheadprojektor auf **Folie** kopieren.
- Laminierte Blätter eignen sich auch für die wiederholte Beschriftung mit abwaschbaren Folienstiften in einer **Aufgabenkartei**.

Ideen zum Einsatz der Materialien im Unterricht

Hier nun einige Vorschläge, was Sie und Ihre Klasse mit den Vorlagen alles machen können. Viele Aufgaben lassen sich von den Kindern auch gut in Partner- oder Gruppenarbeit lösen, indem sie sich die Aufgaben gegenseitig stellen.

Zehner-Feld und Zwanziger-Felder, S. 18/19

- Eine bestimmte Anzahl Plättchen wird auf die Felder gelegt. Je nachdem, wie die Kinder sie anordnen – horizontal oder vertikal – lassen sich verschiedene Prinzipien verdeutlichen, wie Mengen schnell erfassbar sind (Fünfergruppierung).
- Wenn Sie die Felder nummerieren und auseinanderschneiden, können die Kinder sie in die richtige Reihenfolge bringen. So üben sie die Zahlenreihe in Ziffernschreibweise.
- Nummerierte Felder lassen sich mit Plättchen abdecken. Die Kinder nennen die darunter verborgenen Zahlen.
- Zahlzerlegungen lassen sich mit unterschiedlich farbigen Plättchen legen oder in verschiedenen Farben einzeichnen.

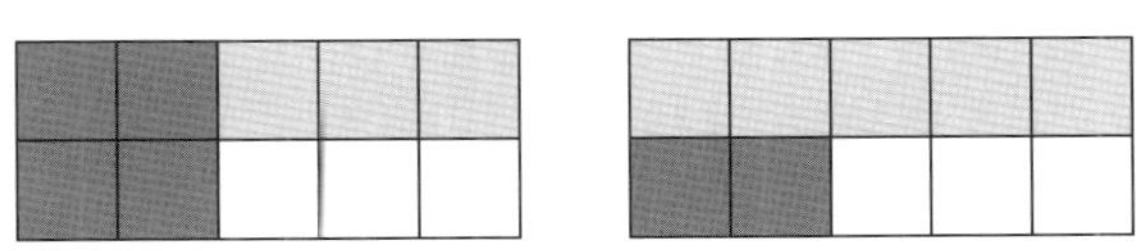

- Die Kinder können Additions- und Subtraktionsaufgaben mit Wendeplättchen legen.

Vorwort

Hunderter-Tafeln, S. 21–23

Dieses Anschauungsmaterial ist außerordentlich vielfältig, vor allem für die Erarbeitung und Festigung des Hunderterraums.

- ▶ Jedes Kind sollte ein haltbares Exemplar für seinen persönlichen Gebrauch bekommen.
- ▶ Bei der Betrachtung der Hunderter-Tafel können die Kinder vielfältige Muster erkennen.
- ▶ Betrachten Sie mit den Kindern rechteckige Ausschnitte. Welche Muster lassen sich erkennen? Was z.B. geschieht, wenn man die Zahlen in den gegenüberliegenden Ecken addiert?

2	3
12	13
22	23

66	67	68	69
76	77	78	79
86	87	88	89

- ▶ Zur Erarbeitung des Hunderterraums können ausgefüllte Tafeln feldweise abgedeckt werden. Die Kinder nennen einem Partner die versteckten Zahlen.
- ▶ Eine leere oder teilweise ausgefüllte Tafel kann von den Kindern vervollständigt werden.
- ▶ Zerschneiden Sie eine Hunderter-Tafel in Puzzlestücke, die die Kinder wieder richtig zusammensetzen müssen.
- ▶ Präsentieren Sie den Kindern Ausschnitte aus der Tafel mit nur einer eingetragenen Zahl. Die Kinder vervollständigen sie.
- ▶ Additions- und Subtraktionsaufgaben können an der Hunderter-Tafel anschaulich durchgeführt werden: +10: ein Feld nach unten; –10: ein Feld nach oben; +1: ein Feld nach rechts; –1: ein Feld nach links. Später können sich die Kinder solche Aufgaben auch als Kopfrechenaufgaben stellen („Gehe von der 65 zwei Zeilen nach unten und einen Schritt nach rechts“).
- ▶ Von einer Startzahl ausgehend, lassen sich Zielzahlen finden, indem nur Richtungspfeile angegeben werden. Ein Beispiel: Start: 43 → → ↓ ↓ ← Ziel: 64.

- ▶ Muster auf der Hunderter-Tafel: Lassen Sie die Kinder Vielfache einer oder mehrerer Zahlen in der Hunderter-Tafel färben und die Muster betrachten, die sich ergeben. Wenn z.B. Vielfache von 5 eingefärbt werden, entstehen zwei Säulen. Die Vielfachen von 9 ergeben ein diagonales Muster, das von rechts oben nach links unten verläuft.

1	2	3	4	5	6	7	8	**9**	10
11	12	13	14	15	16	17	**18**	19	20
21	22	23	24	25	26	**27**	28	29	30
31	32	33	34	35	**36**	37	38	39	40
41	42	43	44	**45**	46	47	48	49	50
51	52	53	**54**	55	56	57	58	59	60
61	62	**63**	64	65	66	67	68	69	70
71	**72**	73	74	75	76	77	78	79	80
81	82	83	84	85	86	87	88	89	**90**
91	92	93	94	95	96	97	98	**99**	100

- ▶ Lassen Sie die Kinder ein Spiel auf der Hunderter-Tafel erfinden.
- ▶ In einer Blanko-Hundertertafel schreiben die Kinder die Quersummen der Zahlen von 1 bis 100 auf. Die Quersumme wird dabei so lange aus den Ziffern der Zahlen gebildet, bis sich eine einstellige Zahl ergibt: $9 + 4 = 13$, $1 + 3 = 4$. Hier lassen sich wieder Muster entdecken.
- ▶ Das Sieb des Eratosthenes: Der griechische Mathematiker Eratosthenes fand als Erster eine Methode, alle Primzahlen bis 100 zu ermitteln.
  - die 1 streichen
  - die 2 umkringeln, und dann alle Vielfache von 2 streichen
  - die 3 umkringeln, und dann alle Vielfache von 3 streichen
  - die 5 umkringeln, und dann alle Vielfache von 5 streichen
  - die 7 umkringeln, und dann alle Vielfache von 7 streichen
  - Alle Zahlen, die übrig bleiben, sind Primzahlen.

Hunderter-Tafel blanko, S. 24/25

- Nachdem Sie einige Zahlen eingetragen haben, vervollständigen die Kinder die Tafel.
- Aus zehn dieser Gitter kann ein Blanko-Tausenderstreifen hergestellt werden. Auch in den Tausender-Streifen (S. 27/28) können Sie einzelne Blanko-Felder einfügen.

Hunderter-Feld, S. 26

- Das Hunderter-Feld sollten Sie in haltbarer Form jedem Kind zur Verfügung stellen.
- Zur Erarbeitung des Hunderterraums lässt sich die Strukturierung betrachten (vier 25er-Felder, zwei 50er-Felder waagerecht oder senkrecht, Fünfer- und Zehnergruppen).
- Als Orientierungsübung im Hunderterraum wird mit einem Pappwinkel ein Teil des Hunderter-Feldes abgedeckt, sodass komplette Zehnerreihen und evtl. einige Einer zu sehen sind. Das Kind nennt die dargestellte Zahl, schreibt sie in Strich-Punkt-Darstellung oder in Ziffernschreibweise auf.
- Ebenso können Punktefelder abgedeckt, eingezeichnet oder ausgeschnitten werden. Diese dient der Verdeutlichung der Einmaleinsaufgaben und des Kommutativgesetzes ($5 \cdot 7 = 7 \cdot 5$). Durch die Fünferstruktur lassen sich dann auch Zerlegungen der Einmaleinsaufgaben darstellen.

Tausender-Streifen mit Zahlen und Punkten, S. 27–30

- Lassen Sie die Kinder zunächst die einzelnen Teile der Streifen ausschneiden und aneinanderkleben. Es ist auch möglich, den Streifen mit den Zahlen und den Streifen mit den Punkten gegeneinanderzukleben. Die Kinder können den Streifen dann in Ziehharmonikaform knicken.
- Prinzipiell können die Aufgaben für Hunderter-Tafeln und Hunderter-Felder für den Gebrauch im Tausenderraum angepasst werden.

Tausender, Hunderter, Zehner, Einer in Würfeldarstellung, S. 31

- Wenn Kinder noch stark an konkretes Material gebunden sind, können die Würfelbilder ein erster Schritt hin zur abstrakteren Ebene der ikonischen Darstellung sein. Sie können eine Überleitung zur Quadrat-Strich-Punkt-Schreibweise darstellen.
- Zum Legen von Bündelungen und Additionsaufgaben.
- Sie können zunächst als Würfelgebilde in die Stellenwert-Tafel eingetragen werden; wenn das Stellensystem sicherer ist, können sie durch Punkte/Zahlen ersetzt werden.

Materialien zum Stellenwertsystem: Stellenwert-Tafeln, Stellenwert-Karten und Pfeilkarten, S. 32–39

- Diese Materialien helfen den Kindern, den Aufbau des Stellenwertsystems zu verstehen.
- Die Stellenwert-Tafel vergrößern Sie am besten auf DIN-A3-Format.
- Die Pfeilkarten können so übereinander gelegt werden, dass sich die Pfeile überlagern und die jeweils kleinere Zahl auf die größere zu liegen kommt. Auf diese Weise lassen sich aus Einern sowie ganzen Zehnern, Hundertern und Tausendern komplexe Zahlen zusammensetzen. Die Kinder sehen, wie die einzelnen Zahlen ihre Position in der Ziffernschreibweise gewinnen. Die Stellenwert-Karten können Sie genauso verwenden.

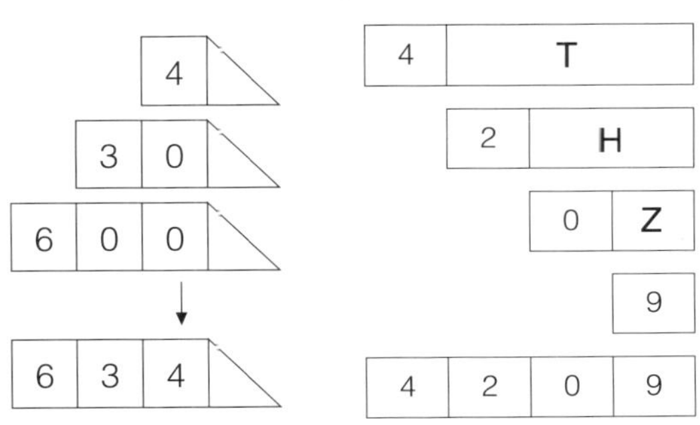

- Die Stellenwertkarten können dazu benutzt werden, sie konkreten Materialien zuzuordnen oder um die Ziffernschreibweise zu üben.

Vorwort

Zwanziger- und Hunderter-Kette, S. 40/41

- Dieses Material verdeutlicht den kardinalen sowie den ordinalen Zahlaspekt.
- An den Ketten zählen die Kinder ab einer bestimmten Zahl vorwärts und rückwärts oder auch in Schritten.
- Die Kinder können sich gegenseitig Felder zeigen und die dazugehörige Zahl benennen, dafür nutzen sie sinnvollerweise die Fünfer- und Zehnerstruktur.
- Die Ketten lassen sich auch als Spielfeld benutzen.
- Die Felder können am Rand mit den Zahlen beschriftet werden.

Zahlenstrahl und Rechenstriche, S. 42–44

- Wir haben den Zahlenstrahl in horizontaler und in vertikaler Ausrichtung abgebildet. Gerade für schwächere Kinder kann die vertikale Anordnung hilfreich sein, da eine Aufwärtsbewegung einem Größerwerden der Zahlen bzw. einer Addition entspricht.
- Die Kinder können Zahlen am Zahlenstrahl auffinden und eintragen.
- Sie benennen Nachbarzahlen und Nachbarzehner am Zahlenstrahl.
- Benutzen Sie den Zahlenstrahl als Anschauungsmaterial für Addition und Subtraktion.
- Den Zahlenstrahl mit den reinen Stricheinteilungen können die Kinder flexibel verwenden, da der Anfangspunkt und die Größe der Schritte von Markierung zu Markierung nicht vorgegeben sind. So kann er bei 230 beginnen und in Zehnerschritten beschriftet werden, oder es steht die 45 in der Mitte, von der in Einer- oder Fünferschritten vorwärts und rückwärts gegangen wird.
- In ähnlicher Weise kann auch der Blanko-Zahlenstrahl verwendet werden. Da die Einteilungen hier ganz entfallen und Zahlen nur ungefähr eingetragen werden, müssen die Kinder hier ihr Verständnis des Zahlenraumes unter Beweis stellen. So können Sie z.B. 0 und 100 an den beiden Enden des Strahls eintragen und die Kinder verschiedene Zahlen dazwischen ungefähr anordnen lassen. Das gibt Ihnen einen guten Überblick darüber, wie weit die Kinder eine Vorstellung des Hunderterraums entwickelt haben.
- Der Blanko-Zahlenstrahl kann den Kindern als Rechenstrich, vor allem für halbschriftliche Rechenverfahren, eine Hilfe sein. Sie starten an einem Punkt, tragen dann ihre individuellen Rechenschritte als Bögen am Strahl ein und notieren die Zwischenergebnisse und das Endergebnis. Über die Bögen, die nur eine ungefähre Länge aufweisen sollten, wird die Größe des Rechenschrittes geschrieben.

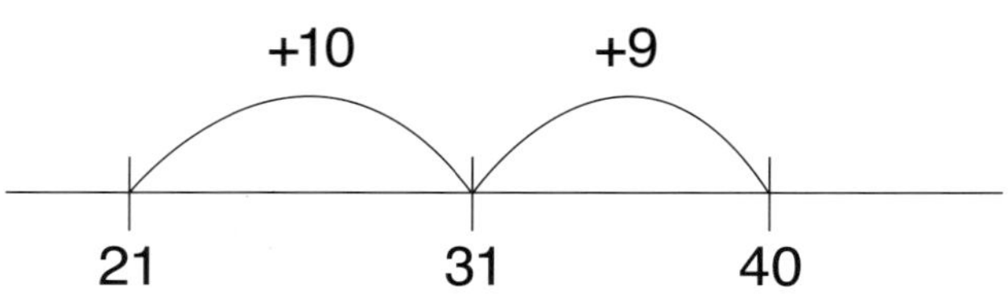

Ziffernkarten , S. 45

- Da Sie die Ziffernkarten über alle vier Schuljahre einsetzen können, ist es sinnvoll, einen größeren Vorrat davon anzulegen und zu laminieren.
- Ziffernkarten können zu Zahlen zusammengestellt werden, diese werden Zahlen in einer anderen Darstellungsform zugeordnet (Plättchen, Dienes-Material, Strich-Punkt-Darstellung usw.)
- Ziffernkarten eignen sich gut, um in offenen Aufgabenstellungen zu experimentieren, z.B. in Zauberdreiecken oder Rechendreiecken.
- Mit Ziffernkarten können die Kinder auch kombinatorische Aufgaben lösen: Wie viele unterschiedliche dreistellige Zahlen kannst du mit den Ziffern 6, 7 und 8 legen, wenn du jede Karte nur einmal benutzen darfst? Bilde die größte/kleinste Differenz/Summe aus diesen Zahlen.

- Schriftliche Additionen und Subtraktionen können mit Ziffernkarten gelegt werden. Dabei können die Kinder auch mit Platzhaltern für einzelne Ziffern arbeiten.
- Beim Legen von schriftlichen Additions- und Subtraktionsaufgaben mit vorgegebenen Ziffernkarten ergeben sich auch operative Aufgaben: Lege mit den Karten zwei-/drei-/vierstellige Zahlen. Finde Plus-/Minusaufgaben mit dem größten/kleinsten Ergebnis. Findest du Aufgaben mit unterschiedlichen Zahlen aber mit dem gleichen Ergebnis? Finde Aufgaben mit dem Ergebnis 100, 333, 1000 ...

Zahlenhäuser, S. 46

- Zahlenhäuser können Sie im Bereich der Zahlzerlegung schon im ersten Schuljahr einsetzen. Im Dach steht jeweils eine Zahl, in die einzelnen Stockwerke werden Additions- oder Subtraktionsaufgaben eingetragen, mit denen diese Summe erzielt wird.
- Auch für die multiplikative Zerlegung von Zahlen können die Zahlenhäuser genutzt werden.
- Mit der Zeit entwickeln die meisten Kinder eine Systematik, die Häuser auszufüllen. Dies sollten Sie besonders anregen.

30
30+0
29+1

Additionstafeln, S. 47–50

- Additionstafeln sollten Sie erst einsetzen, wenn die Kinder Plusaufgaben mit Materialien und mit dem Zwanziger-Feld sicher beherrschen. Sie sollten nicht zum Auswendiglernen des Einspluseins benutzt werden, sondern den Zusammenhang zwischen Aufgaben und Zahlen verdeutlichen.
- Aufgaben können auf der Tafel gesucht werden.
- Aufgaben können mit Materialien nachgelegt werden.
- In den ausgefüllten Additionstafeln können die Kinder nach Mustern suchen und sie einzeichnen.
- Es lassen sich viele Entdeckungsaufgaben stellen: Wie verändern sich die Ergebnisse waagerecht, senkrecht, diagonal? In welche Richtung werden die Ergebnisse größer? Welche Aufgaben sind einfach zu rechnen? Wo stehen die Verdoppelungsaufgaben? Nenne zu dem Ergebnis 11 alle Aufgaben.
- Rechteckige Ausschnitte aus der Tafel: Welche Muster lassen sich entdecken und warum ist das so? Was passiert, wenn du die gegenüberliegenden Ecken addierst und warum?
- In eine Blanko-Additionstafel können die Kinder selber Ergebnisse eintragen. Es ist aber auch möglich, in die Blanko-Tafel die Aufgaben einzutragen. Hieran lassen sich Zusammenhänge zwischen den einzelnen Aufgaben des Einspluseins gut verdeutlichen:
  In einer Zeile wird die Zahl ein Kästchen weiter nach rechts um eins größer, da sich einer der Summanden um eins erhöht. Diagonal von links oben nach rechts unten erhöhen sich die Zahlen jeweils um zwei, da beide Summanden um eins erhöht werden.

Zahlenpyramiden, S. 51

- Zahlenpyramiden eignen sich gut, um operative Beziehungen zwischen Aufgaben zu verdeutlichen und um unterschiedliche Rechenoperationen im Zusammenhang in einem Format zu üben.
- Das Prinzip ist einfach: je zwei untere Steine werden addiert, die Summe steht in dem darüberliegenden Stein. Je nachdem, welche Zahlen Sie den Kindern vorgeben, lassen sich verschiedene Schwierigkeitsgrade und Aufgabentypen generieren.
- Zur Einführung des Formats eignet sich am besten eine einfache Mauer mit zwei Steinen, in der die unterste Steinreihe ausgefüllt ist und nur von unten nach oben addiert werden muss.
- Wenn in jeweils unteren Reihen Steine fehlen, müssen die Kinder Subtraktions- oder

Ergänzungsaufgaben rechnen, um das Ergebnis zu finden.

- Besonders schwierig wird es, wenn für die Rechenzahlen keine direkten Bezüge gegeben sind, wenn man also erst „um die Ecke denken“ muss, um ein Ergebnis zu finden.
- Viele Aufgaben können Sie auch so stellen, dass es mehrere Lösungsmöglichkeiten gibt, z.B. wenn Sie nur das oberste Feld ausfüllen.

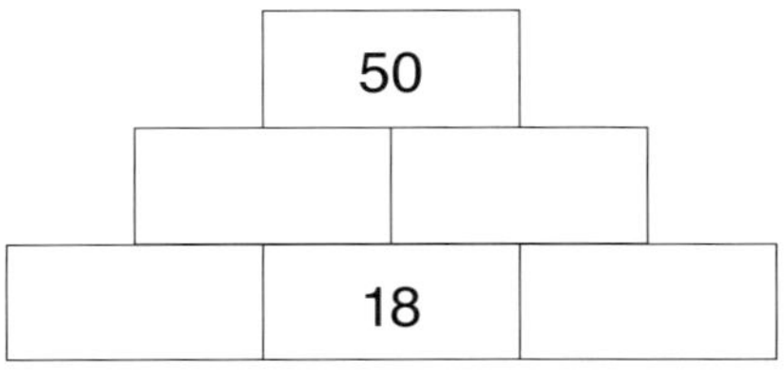

- Um herauszufinden, ob die Kinder das Format verstanden haben und welche Zahlenräume sie sich zum Rechnen zutrauen, können Sie ihnen Blanko-Pyramiden geben.
- Die Kinder können selbstständig Pyramiden entwerfen und dann als Aufgaben für die MitschülerInnen anpassen. Hierbei ergeben sich interessante Fragen: Wie viele Felder kann ich freilassen, damit die Pyramide für den Partner lösbar ist? Wie entsteht eine Pyramide, die einfach/schwer zu lösen ist? Kann ich meine Pyramide so abwandeln, dass sich mehrere Lösungen ergeben?
- Sie können die Kinder ebenso einen Fehler in einer teilweise oder ganz ausgefüllten Pyramide finden lassen.
- Lassen Sie die Kinder an einer schon gerechneten Pyramide Veränderungen vornehmen. So können sie z.B. einen der unteren Steine um 1 erhöhen oder verringern. Wie verändert sich dann das Ergebnis? Warum ist das so? Ist es ein Unterschied, ob ich einen Randstein oder einen Stein in der Mitte verändere?
- Wenn Sie Aufgaben vorbereiten, bei denen die Kinder Entdeckungen zu Zahlbeziehungen machen sollen, gelingt das besser, wenn Sie den Zahlenraum etwas kleiner wählen, als die Kinder rechnerisch schon bewältigen können.

Zauberdreiecke und Zauberquadrate, S. 52/53

In die Felder der Dreiecke und Quadrate werden Zahlen eingetragen, die, pro Dreiecks-/Quadratseite addiert, auf allen Seiten jeweils die gleiche Summe ergeben. Jede Zahl darf nur einmal eingetragen werden.

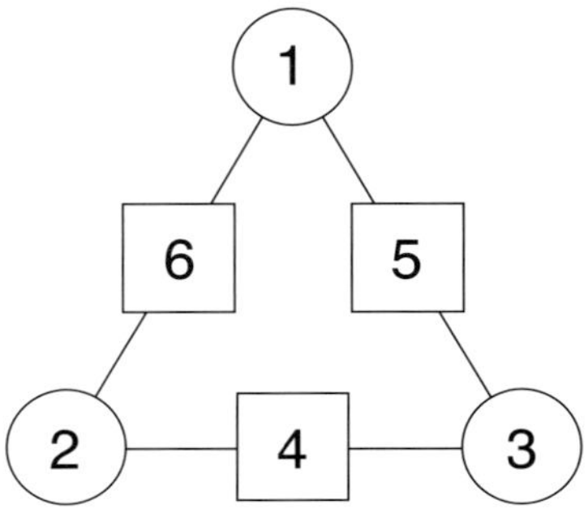

- Eine relativ einfache Variante: Geben Sie die Zielzahl sowie die Zahlen in den Ecken vor. Es fehlt also in jeder Rechnung nur noch ein Summand.
- Sie können auch den Kindern eine komplette Reihe vorgeben und sie die Zielzahl und die übrigen Zahlen in den Feldern selbst ermitteln lassen.
- Geben Sie nur die Zielzahl vor. Die Kinder sollen mögliche Dreiecke/Quadrate ermitteln.
- Geben Sie den Kindern für das Dreieck eine Reihe von sechs fortlaufenden Zahlen (z.B. 1–6) und lassen Sie sie unterschiedliche Zielzahlen finden.
- Sie können auch die Kinder mit einem vorgegebenen Set von Zahlen (z.B. 0–10 für die Dreiecke und 0–15 für die Quadrate) die kleinstmögliche oder die größtmögliche Zielzahl finden lassen.

Magische Quadrate, S. 54

- In einem magischen Quadrat haben alle Reihen, Spalten oder Diagonalen die gleiche Summe, wenn man die einzelnen Zahlen addiert. Jede Zahl darf dabei nur einmal vorkommen.

- Für die Kinder ist es sehr schwer, die Zahlen selbstständig so einzutragen, dass in allen Zielfeldern die gleiche Summe erscheint. Daher ist es zum Anfangen gut möglich, ihnen ein ausgefülltes Quadrat zu präsentieren und sie die Besonderheit herausfinden zu lassen.
- Ebenso können Sie die Zielsumme vorgeben und einige Zahlen in das Quadrat eintragen, sodass die Kinder mit den übrigen Zahlen experimentieren können.
- Lässt sich mit den gleichen Zahlen noch ein anderes Quadrat finden?
- In einem bereits gelösten Quadrat werden alle Zahlen um eins erhöht. Wie verändert sich die Zielzahl und warum?
- Die Kinder probieren selbst aus, ob es auch magische Quadrate mit 4 • 4 Feldern gibt.

Rechendreiecke, S. 55

Rechendreiecke können Sie benutzen, um vielfältige Rechenrätsel herzustellen, die das flexible Denken schulen. In die Felder des Dreiecks und in die Kreise werden Zahlen eingetragen. In den Kreisen steht jeweils die Summe der angrenzenden Felder. Wenn die Kinder das Prinzip einmal verstanden haben, lassen sich unterschiedliche Aufgabentypen produzieren, je nachdem, welche Felder Sie freilassen.

- Rechendreiecke mit leeren Kreisen sind relativ leicht zu lösen, und zwar durch einfache Additionen. Schwieriger wird es, wenn nur noch in den Kreisen Summen vorgegeben sind.
- Hier eine Möglichkeit, wie Sie schnell solche kniffeligen Aufgaben lösen:

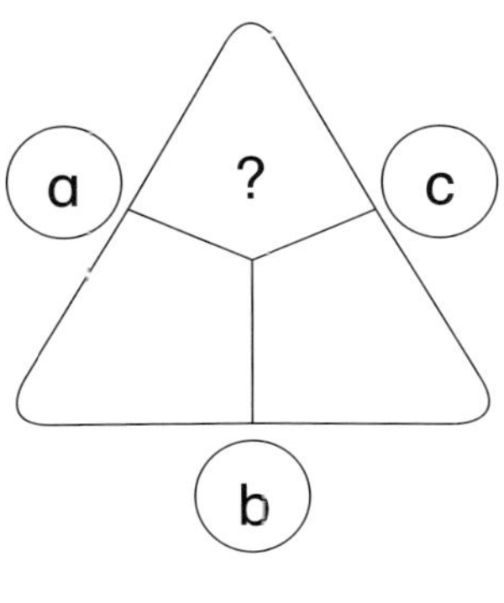

- Subtrahieren Sie b von c.
- Addieren Sie den Wert von a.
- Halbieren Sie das Ergebnis.
- Jetzt erhalten Sie die Zahl im oberen Feld des Dreiecks.

Würfeltabelle, S. 56

- Die Würfeltabelle ist einmal für Punktewürfel und einmal für Zahlenwürfel abgedruckt.
- Sie können sie für erste „statistische“ Erhebungen nutzen. Hier können die Kinder eintragen, wie häufig sie eine bestimmte Augenkombination beim Würfeln mit zwei Würfeln erzielt haben.
- Die Tabelle lässt sich auch für das Üben von Additions- und Multiplikationsaufgaben benutzen. Zwei Kinder würfeln mit zwei Würfeln, addieren oder multiplizieren die Augenzahl und tragen das Ergebnis in ihre Tabelle ein. Ist ein Feld schon besetzt, kann die Zahl nicht noch einmal eingetragen werden. Sieger ist, wer als Erster alle Felder gefüllt hat.

Einmaleins-Tafel, S. 57–59, 62/63

- Einmaleins-Tafeln sollten nicht zum Auswendiglernen des Einmaleins benutzt werden, sondern den Zusammenhang zwischen Aufgaben und Zahlen verdeutlichen.
- Malaufgaben können auf der Tafel gesucht werden. Wo stehen alle Zahlen einer bestimmten Reihe?
- In den ausgefüllten Einmaleins-Tafeln können die Kinder nach Mustern suchen und sie einzeichnen. Auch die Reihen oder die Kernaufgaben lassen sich dort farbig markieren.
- Die Kinder können viele Entdeckungsfragen erörtern: Wie verändern sich die Ergebnisse waagerecht, senkrecht, diagonal? In welche Richtung werden die Ergebnisse größer? Welche Aufgaben sind einfach zu rechnen? Wo stehen die Quadratzahlen? Wo stehen die Tauschaufgaben?

Vorwort

- In eine Blanko-Einmaleins-Tafel können die Kinder selber Ergebnisse eintragen. Wie kannst du dabei möglichst geschickt vorgehen?
- Möglich ist es aber auch, in die Blanko-Tafel die Aufgaben, nicht die Ergebnisse, einzutragen. Hieran lassen sich Zusammenhänge und Beziehungen zwischen den einzelnen Aufgaben des Einmaleins gut verdeutlichen (z.B. lassen sich mit Nachbaraufgaben gut die schwereren Aufgaben herleiten: $6 \cdot 6 = 36 \Rightarrow 6 \cdot 7 = 42$).

Einmaleins-Ketten, S. 60/61

Die Kinder kleben die Ketten der 6er- bis 10er-Reihe zusammen. Die Kreisdarstellung in den Einmaleins-Ketten veranschaulicht besonders deutlich die Multiplikation als fortgesetzte Addition.

- Die Ketten können den Kindern als Anschauungsmaterial dienen.
- Wenn die ausgeschnittenen Streifen nebeneinandergelegt werden, lassen sich gut Zusammenhänge zwischen den einzelnen Reihen ablesen, z.B. zwischen 5er- und 10er-Reihe oder zwischen 3er-, 6er- und 9er-Reihe.
- Wenn die Kinder in einem fortgeschrittenen Stadium die Einmaleinsreihen auswendig beherrschen sollen, können sie die fehlenden Zahlen der Einmaleinsreihe zu den bereits abgedruckten Ergebnissen der Kernaufgaben dazuschreiben. Dies sollte aber erst geschehen, wenn die Kinder sich die Aufgaben selbstständig aus den Kernaufgaben oder aus Nachbaraufgaben herleiten können.

Nepersche Streifen, S. 64

Die neperschen Streifen können Sie zur Multiplikation mit großen Zahlen einsetzen. In ihnen stehen die Einmaleinsreihen. Im linken Dreieck jedes Quadrates stehen die Zehner, im rechten die Einer. Wenn man die Streifen nebeneinanderlegt, lassen sich Produkte, bei denen ein Faktor einstellig ist, ganz einfach bilden.
z.B. $3 \cdot 164 = 492$

1	6	4
0/1	0/6	0/4
0/2	1/2	0/8
0/3	1/8	1/2
0/4	2/4	1/6

Die diagonalen Felder bilden jeweils eine Stelle. Damit keine Probleme bei möglichen Überträgen entstehen, sollten die Kinder mit der Einerstelle anfangen.

Einmaleins-Gitter, S. 65

Das Einmaleins-Gitter ist eng mit den neperschen Streifen verbunden. Mit ihm können auch Multiplikationsaufgaben durchgeführt werden, in denen beide Faktoren mehrstellig sind. Sie sollten jedoch darauf achten, dass die Kinder dieses Verfahren nicht mechanisch anwenden, sondern das auf dem Stellenwertsystem basierende Prinzip der Aufgaben nachvollziehen.

Lineal 0–20, S. 66

Da die meisten gängigen Lineale eine Millimetereinteilung haben, haben wir lediglich eine solche Linealvorlage abgedruckt. Die übrigen haben ganze Zentimeter für den Gebrauch im 1. Schuljahr. Viele Erstklässler können aber durchaus auch schon mit einem herkömmlichen Linal umgehen.

Zifferblätter/Digitalanzeigen, S. 68 – 71

- Die Kinder können Zeiger zu vorgegebenen Uhrzeiten eintragen oder auf dem Zifferblatt eingetragene Zeiten als Uhrzeit aufschreiben.
- Digitalanzeigen können sie die passenden Zifferblätter zuordnen oder zu einem Zifferblatt eine oder zwei passende Digitalanzeigen schreiben.

Kalendervorlage, S. 72

- Sie eignet sich zur Herstellung eines persönlichen Kalenders, aber – großkopiert – auch zur gruppenweisen Erstellung eines Klassen-Geburtstagskalenders.
- Indem die Kinder die Datumszahlen den Wochentagen zuordnen, üben sie die Anzahl der Tage in den jeweiligen Monaten und setzen sich mit einem möglichen Aufbauschema eines Kalenders auseinander.
- Wenn die Zahlen klein eingetragen werden, bleibt noch etwas Platz für andere Eintragungen.

Quadratpapier, S. 73/74

- Es eignet sich zum Zeichnen von Mustern, Parkettierungen und Ornamenten.
- Sie können es als Vorlage für Spiegelungen verwenden.
- Es lassen sich Grundrisse eintragen, z.B. indem ein 20 • 20 mm-Muster als Grundlage für ein Meterquadrat genommen wird.
- Aus dem 20 • 20 mm-Papier können Quadratfünflinge oder Quadratsechslinge ausgeschnitten werden, um Pentominos oder Würfelnetze herzustellen. Vorlage hierfür auf festes Papier kopieren.
- Das 10 • 10 mm-Papier eignet sich auch gut als Kästchenpapier für Kinder mit Wahrnehmungsstörungen.
- Die Papiere können Sie auch für Vergrößerungen oder Verkleinerungen benutzen.

Punktgitter, dreieckig und quadratisch, S. 75, 77

- Beide Sorten von Papier können zum Zeichnen von Mustern, Ornamenten und Freihandzeichnungen verwendet werden.
- Beide Vorlagen eignen sich für isometrische, dreidimensionale Darstellungen. Hierfür sollten es die Kinder im Querformat benutzen.

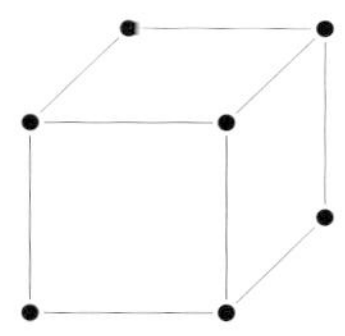

Dreieckspapier, S. 76

- Die Kinder können es für Muster, Parkettierungen und Ornamente benutzen.
- Auch hier lassen sich Dreiecksfünflinge und -sechslinge finden.
- Die Linien können bei isometrischen Darstellungen hilfreich sein.
- Auch Muster aus Sechsecken lassen sich mit dem Dreieckspapier zeichnen.

Geobrett-Gitter, S. 78 – 81

Sie können die Kinder ihre auf dem Geobrett gespannten Figuren einzeichnen lassen oder Figuren aufzeichnen, die die Kinder nachspannen sollen. Mögliche Aufgaben:

- Freies Spannen von Figuren.
- Finde möglichst viele Dreiecke/Quadrate/Rechtecke auf deinem Geobrett.
- Welche regelmäßigen Formen kannst du noch spannen?
- Spanne zu einer Figur ihr Spiegelbild.
- Spanne eine Figur, die auf ihrem Rand 11 Nägel hat, aber keinen in der Figur usw.

Neuner-, Zehner-, Zwölfer- und Vierundzwanziger-Kreis, S. 82 – 86

Wenn die Kinder die Punkte auf diesen Kreisen in unterschiedlicher Form verbinden, können sie viele geometrische Muster herstellen.

Hierbei lassen sich besonders gut Beobachtungen zu den Einmaleinsreihen anstellen.

- Die Kinder zählen z.B. in einem Zehner-Kreis, ausgehend bei 0, im Uhrzeigersinn die 6er-Reihe ab. Dann verbinden sie die Ausgangs- und die Zielzahl durch einen Strich. So geht es in Sechserschritten weiter. Als Nächstes würde dann die 6 mit der 2 verbunden. Es ergibt sich ein Muster, das nicht nur schön aussieht, sondern auch die Abfolge der Ziffern an der Einerstelle der 6er-Reihe wiedergibt.

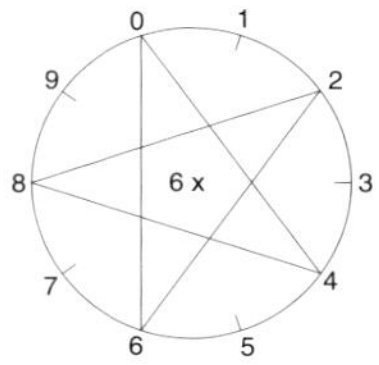

- Wie sehen die anderen Einmaleinsreihen auf dem Zehner-Kreis aus? Was fällt auf und wieso ist das so?
- Was geschieht wohl, wenn man die Einmaleinsreihen in den Neuner-Kreis einträgt?
- Der Zwölfer-Kreis eignet sich auch, um selbst ein Zifferblatt herzustellen.
- Die Kreise können genutzt werden, um Kreissegmente herzustellen, z.B. um Zehntelbrüche zu veranschaulichen.
- Sie können als Zeichenhilfe für schwer konstruierbare Vielecke dienen: Mit dem Zehner-Kreis lässt sich ein regelmäßiges Fünfeck einfach zeichnen, mit dem Zwölfer-Kreis ein Sechseck, mit dem Neuner- oder dem Zwölfer-Kreis ein gleichseitiges Dreieck usw.

Netze, S. 88 – 90

Dienen als Vorlage für Körpermodelle.

Formenkärtchen, S. 91

Diese Kärtchen sollten Sie auf festes Papier kopieren, am besten in unterschiedlichen Farben.

- Beim freien oder gelenkten Legen können die Kinder Figuren, Muster, Parkettierungen und Ornamente legen.
- Vorgegebene Figuren können die Kinder vergrößert oder gespiegelt nachlegen.
- Mit den Kärtchen können die Begriffe „Hälfte“ und „Viertel“ veranschaulicht werden.

Tangram, S. 92/93

Nahezu unerschöpflich ist die Zahl der fantasievollen Tangram-Figuren zum Nachlegen.

- Für jüngere Kinder können Sie zunächst auch Figuren aus nur einigen (vorgegebenen) Teilen nachlegen lassen.
- Kannst du ein Quadrat/ein Dreieck/ein Parallelogramm aus 1/2/3/4/5/6/7 Tangram-Teilen legen? (Ein Quadrat und ein Dreieck lassen sich aus 6 Teilen nicht legen.)

Domino, S. 94/95

- Sie finden ein Punkte- und ein Zahlendomino. Die beiden Darstellungsweisen können auch miteinander kombiniert werden.
- Ältere Kinder können von der Vorlage ausgehend ein Neun-Punkt-Domino entwickeln.

Positionsgitter und Koordinatengitter, S. 96 – 98

- Das Positionsgitter können die Kinder benutzen, um Spiele wie „Schiffe versenken“ zu spielen.
- Um zu lernen, sich in einer Koordinatenstruktur zurechtzufinden, können Sie den Kindern im Positionsgitter Felder diktieren, die dann ausgemalt werden. So ergeben sich Muster oder Figuren. Im Koordinatengitter können Sie Wege diktieren, sodass einfache Bilder entstehen.
- Koordinatengitter können die Kinder auch nutzen, um eigene Daten, die sie erhoben haben, grafisch darzustellen (Anzahl der Kinder mit einem Haustier, Bücher in der Bücherei nach verschiedenen Kriterien).

Kopiervorlagen

1	2	3	4	5	6	7	8	9	10
11	12	13	14	15	16	17	18	19	20
21	22	23	24	25	26	27	28	29	30
31	32	33	34	35	36	37	38	39	40
41	42	43	44	45	46	47	48	49	50
51	52	53	54	55	56	57	58	59	60
61	62	63	64	65	66	67	68	69	70
71	72	73	74	75	76	77	78	79	80
81	82	83	84	85	86	87	88	89	90
91	92	93	94	95	96	97	98	99	100

Zahldarstellung (S. 18)

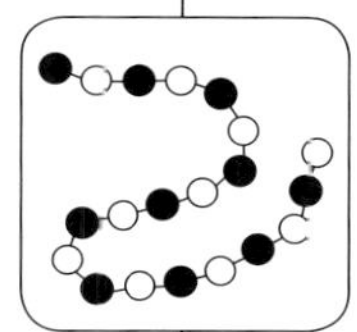

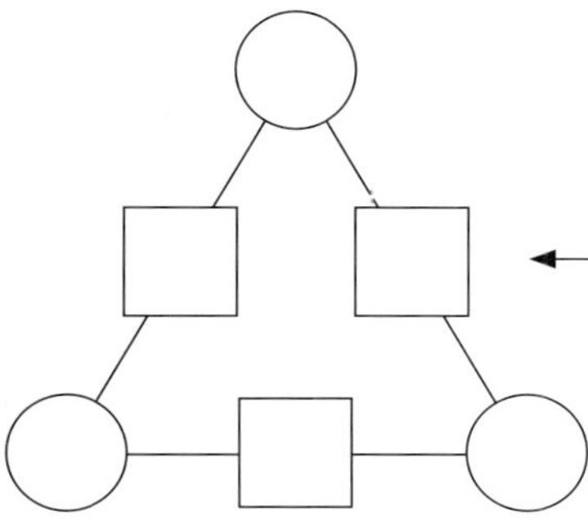

Grundrechenarten (S. 46)

Zeit & Größen (S. 66)

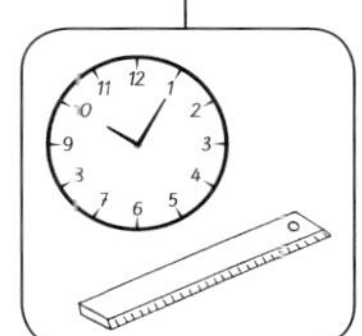

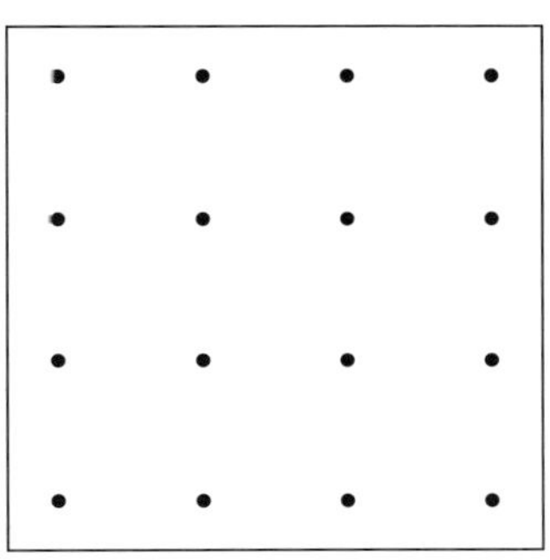

Geometrie (S. 73)

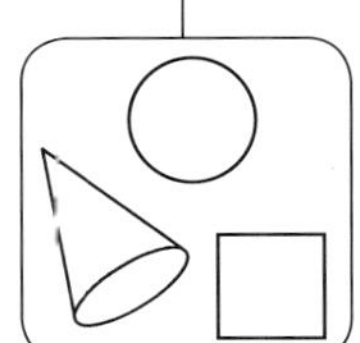

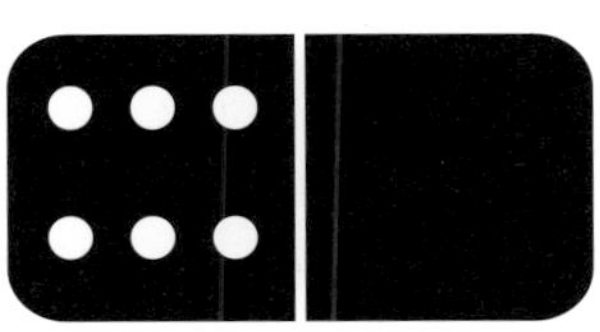

Extras (S. 94)

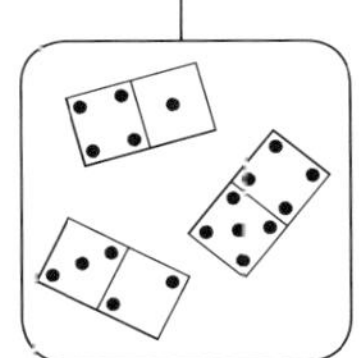

Name: ______________________ Datum: ______________

Zehner-Feld

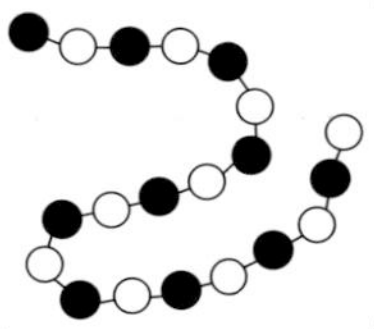

Name: ______________________ Datum: ______________

Zwanziger-Feld (Quadrate)

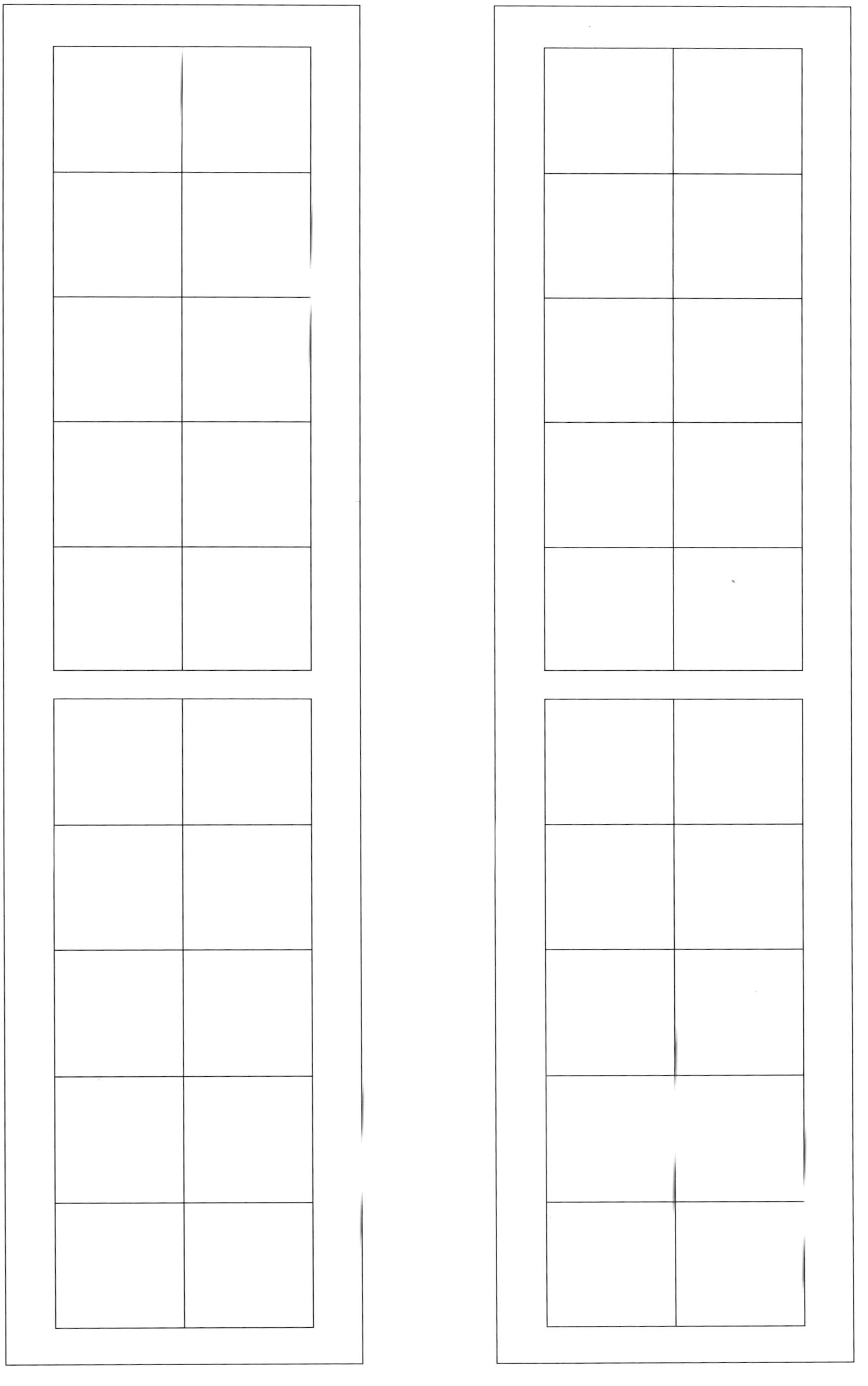

Name: ______________________ Datum: ______________

Zwanziger-Feld (Punkte)

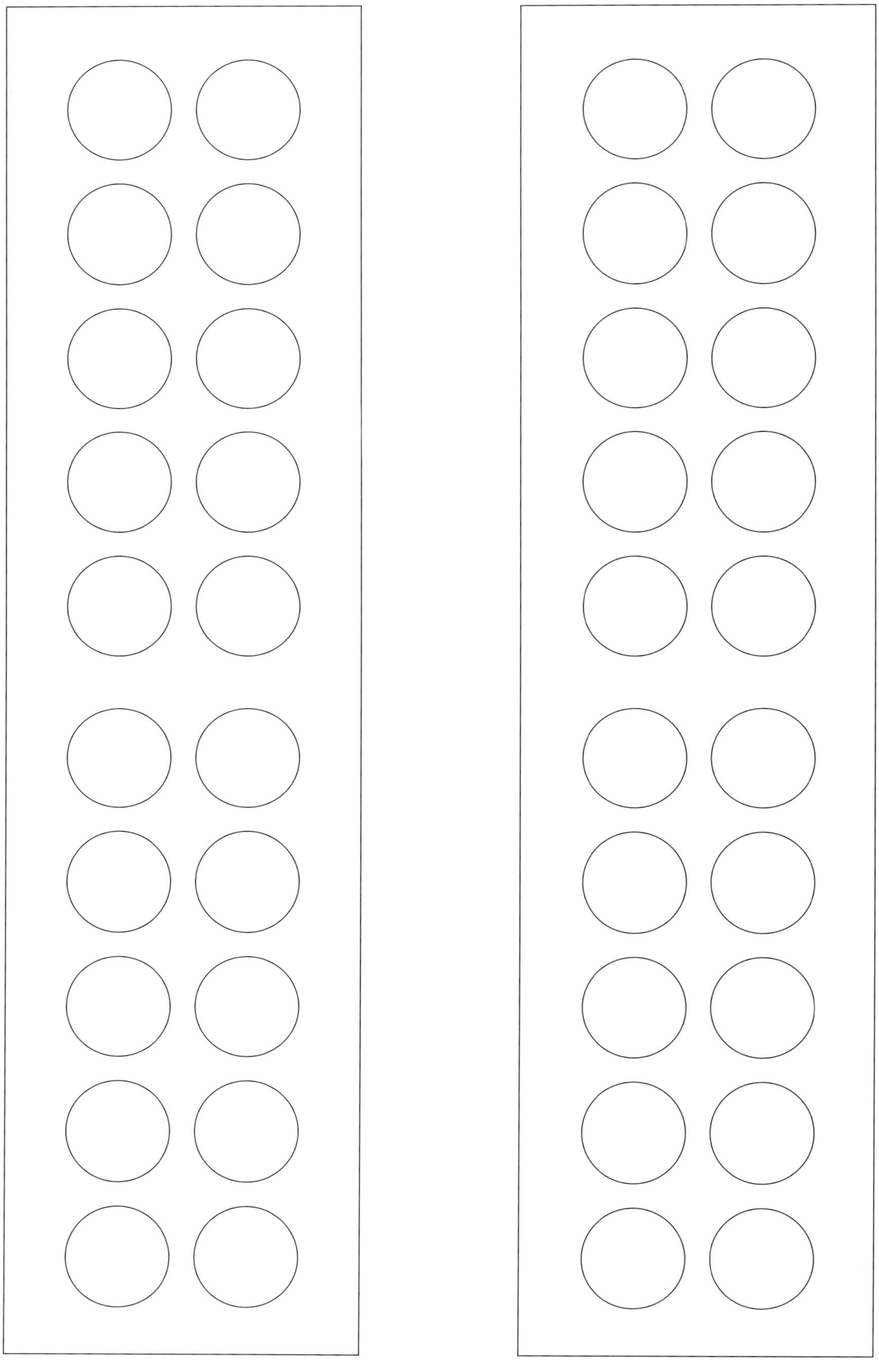

Name: ______________________ Datum: ____________

Hunderter-Tafel (17 cm · 17 cm)

1	2	3	4	5	6	7	8	9	10
11	12	13	14	15	16	17	18	19	20
21	22	23	24	25	26	27	28	29	30
31	32	33	34	35	36	37	38	39	40
41	42	43	44	45	46	47	48	49	50
51	52	53	54	55	56	57	58	59	60
61	62	63	64	65	66	67	68	69	70
71	72	73	74	75	76	77	78	79	80
81	82	83	84	85	86	87	88	89	90
91	92	93	94	95	96	97	98	99	100

Name: ______________________________ Datum: ______________

Hunderter-Tafel (11 cm · 11 cm)

1	2	3	4	5	6	7	8	9	10
11	12	13	14	15	16	17	18	19	20
21	22	23	24	25	26	27	28	29	30
31	32	33	34	35	36	37	38	39	40
41	42	43	44	45	46	47	48	49	50
51	52	53	54	55	56	57	58	59	60
61	62	63	64	65	66	67	68	69	70
71	72	73	74	75	76	77	78	79	80
81	82	83	84	85	86	87	88	89	90
91	92	93	94	95	96	97	98	99	100

1	2	3	4	5	6	7	8	9	10
11	12	13	14	15	16	17	18	19	20
21	22	23	24	25	26	27	28	29	30
31	32	33	34	35	36	37	38	39	40
41	42	43	44	45	46	47	48	49	50
51	52	53	54	55	56	57	58	59	60
61	62	63	64	65	66	67	68	69	70
71	72	73	74	75	76	77	78	79	80
81	82	83	84	85	86	87	88	89	90
91	92	93	94	95	96	97	98	99	100

Name: ______________________ Datum: ______________

Hunderter-Tafel (7,5 cm · 7,5 cm)

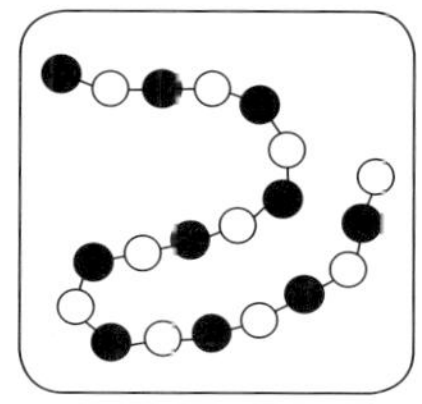

1	2	3	4	5	6	7	8	9	10
11	12	13	14	15	16	17	18	19	20
21	22	23	24	25	26	27	28	29	30
31	32	33	34	35	36	37	38	39	40
41	42	43	44	45	46	47	48	49	50
51	52	53	54	55	56	57	58	59	60
61	62	63	64	65	66	67	68	69	70
71	72	73	74	75	76	77	78	79	80
81	82	83	84	85	86	87	88	89	90
91	92	93	94	95	96	97	98	99	100

1	2	3	4	5	6	7	8	9	10
11	12	13	14	15	16	17	18	19	20
21	22	23	24	25	26	27	28	29	30
31	32	33	34	35	36	37	38	39	40
41	42	43	44	45	46	47	48	49	50
51	52	53	54	55	56	57	58	59	60
61	62	63	64	65	66	67	68	69	70
71	72	73	74	75	76	77	78	79	80
81	82	83	84	85	86	87	88	89	90
91	92	93	94	95	96	97	98	99	100

1	2	3	4	5	6	7	8	9	10
11	12	13	14	15	16	17	18	19	20
21	22	23	24	25	26	27	28	29	30
31	32	33	34	35	36	37	38	39	40
41	42	43	44	45	46	47	48	49	50
51	52	53	54	55	56	57	58	59	60
61	62	63	64	65	66	67	68	69	70
71	72	73	74	75	76	77	78	79	80
81	82	83	84	85	86	87	88	89	90
91	92	93	94	95	96	97	98	99	100

1	2	3	4	5	6	7	8	9	10
11	12	13	14	15	16	17	18	19	20
21	22	23	24	25	26	27	28	29	30
31	32	33	34	35	36	37	38	39	40
41	42	43	44	45	46	47	48	49	50
51	52	53	54	55	56	57	58	59	60
61	62	63	64	65	66	67	68	69	70
71	72	73	74	75	76	77	78	79	80
81	82	83	84	85	86	87	88	89	90
91	92	93	94	95	96	97	98	99	100

1	2	3	4	5	6	7	8	9	10
11	12	13	14	15	16	17	18	19	20
21	22	23	24	25	26	27	28	29	30
31	32	33	34	35	36	37	38	39	40
41	42	43	44	45	46	47	48	49	50
51	52	53	54	55	56	57	58	59	60
61	62	63	64	65	66	67	68	69	70
71	72	73	74	75	76	77	78	79	80
81	82	83	84	85	86	87	88	89	90
91	92	93	94	95	96	97	98	99	100

1	2	3	4	5	6	7	8	9	10
11	12	13	14	15	16	17	18	19	20
21	22	23	24	25	26	27	28	29	30
31	32	33	34	35	36	37	38	39	40
41	42	43	44	45	46	47	48	49	50
51	52	53	54	55	56	57	58	59	60
61	62	63	64	65	66	67	68	69	70
71	72	73	74	75	76	77	78	79	80
81	82	83	84	85	86	87	88	89	90
91	92	93	94	95	96	97	98	99	100

Name: ______________________________ Datum: ________________

Hunderter-Tafel (blanko 11cm · 11cm)

Name: ______________________ Datum: ______________

Hunderter-Tafel (blanko 7 cm · 7 cm)

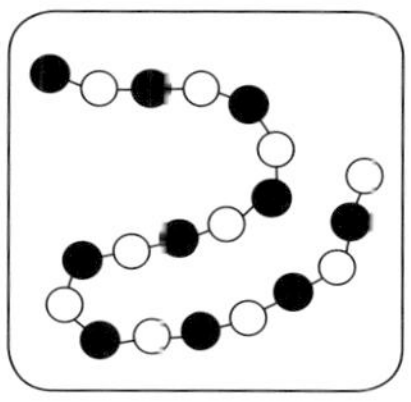

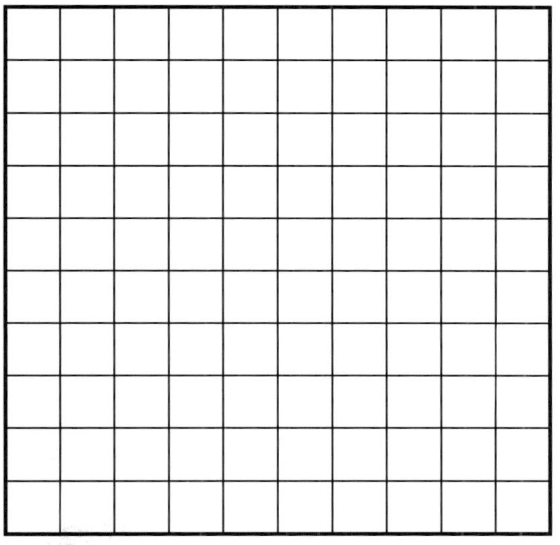

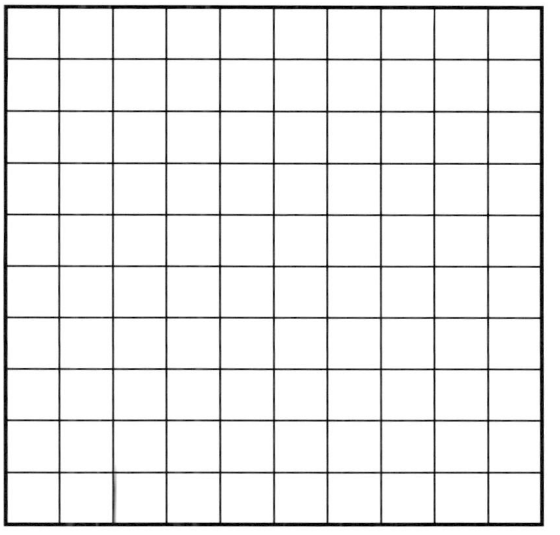

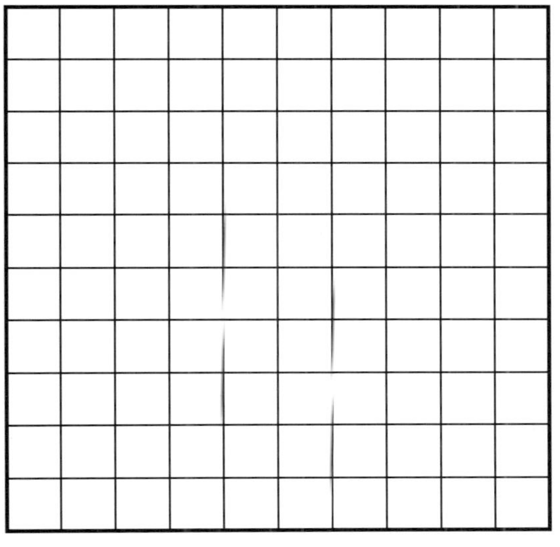

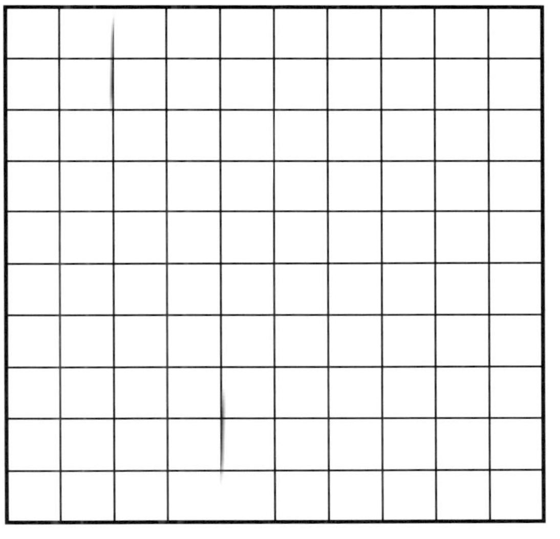

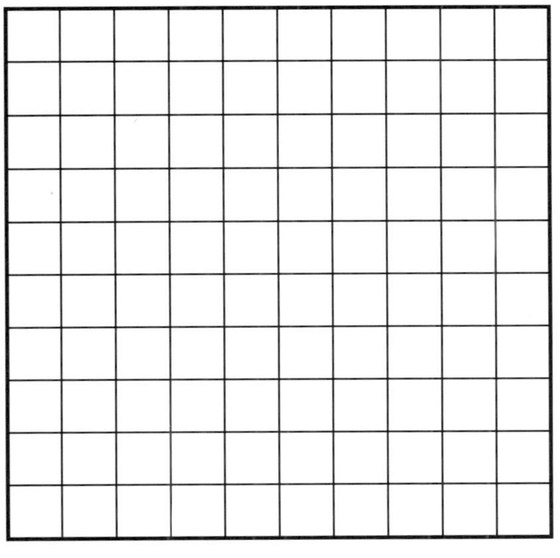

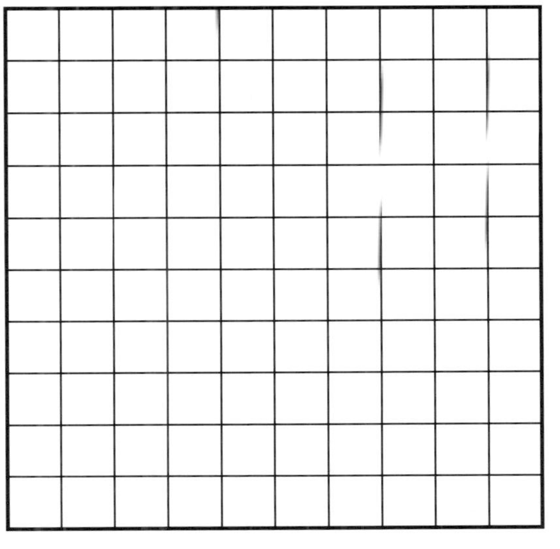

Name: ____________________ Datum: ____________

Hunderter-Feld

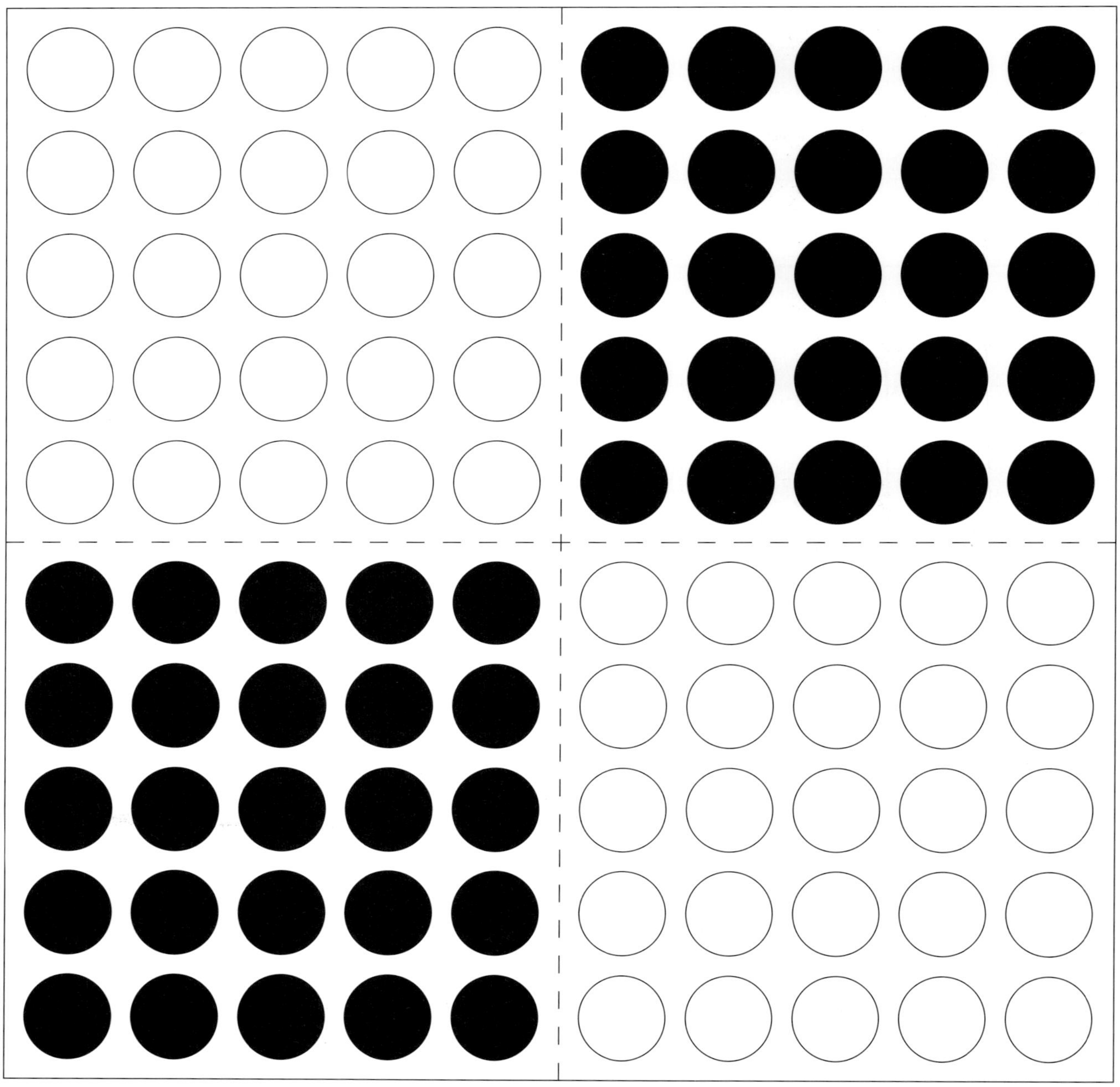

Name: ______________________________ Datum: ______________

Tausender-Streifen mit Zahlen (1/2)

1	2	3	4	5	6	7	8	9	10	101	102	103	104	105	106	107	108	109	110
11	12	13	14	15	16	17	18	19	20	111	112	113	114	115	116	117	118	119	120
21	22	23	24	25	26	27	28	29	30	121	122	123	124	125	126	127	128	129	130
31	32	33	34	35	36	37	38	39	40	131	132	133	134	135	136	137	138	139	140
41	42	43	44	45	46	47	48	49	50	141	142	143	144	145	146	147	148	149	150
51	52	53	54	55	56	57	58	59	60	151	152	153	154	155	156	157	158	159	160
61	62	63	64	65	66	67	68	69	70	161	162	163	164	165	166	167	168	169	171
71	72	73	74	75	76	77	78	79	80	171	172	173	174	175	176	177	178	179	180
81	82	83	84	85	86	87	88	89	90	181	182	183	184	185	186	187	188	189	190
91	92	93	94	95	96	97	98	99	100	191	192	193	194	195	196	197	198	199	200

Klebestreifen

201	202	203	204	205	206	207	208	209	210	301	302	303	304	305	306	307	308	309	310
211	212	213	214	215	216	217	218	219	220	311	312	313	314	315	316	317	318	319	320
221	222	223	224	225	226	227	228	229	230	321	322	323	324	325	326	327	328	329	330
231	232	233	234	235	236	237	238	239	240	331	332	333	334	335	336	337	338	339	340
241	242	243	244	245	246	247	248	249	250	341	342	343	344	345	346	347	348	349	350
251	252	253	254	255	256	257	258	259	260	351	352	353	354	355	356	357	358	359	360
261	262	263	264	265	266	267	268	269	270	361	362	363	364	365	366	367	368	369	370
271	272	273	274	275	276	277	278	279	280	371	372	373	374	375	376	377	378	379	380
281	282	283	284	285	286	287	288	289	290	381	382	383	384	385	386	387	388	389	390
291	292	293	294	295	296	297	298	299	300	391	392	393	394	395	396	397	398	399	400

Klebestreifen

401	402	403	404	405	406	407	408	409	410
411	412	413	414	415	416	417	418	419	420
421	422	423	424	425	426	427	428	429	430
431	432	433	434	435	436	437	438	439	440
441	442	443	444	445	446	447	448	449	450
451	452	453	454	455	456	457	458	459	460
461	462	463	464	465	466	467	468	469	470
471	472	473	474	475	476	477	478	479	480
481	482	483	484	485	486	487	488	489	490
491	492	493	494	495	496	497	498	499	500

Klebestreifen

Name: ______________________ Datum: ______________

Tausender-Streifen mit Zahlen (2/2)

501	502	503	504	505	506	507	508	509	510	601	602	603	604	605	606	607	608	609	610
511	512	513	514	515	516	517	518	519	520	611	612	613	614	615	616	617	618	619	620
521	522	523	524	525	526	527	528	529	530	621	622	623	624	625	626	627	628	629	630
531	532	533	534	535	536	537	538	539	540	631	632	633	634	635	636	637	638	639	640
541	542	543	544	545	546	547	548	549	550	641	642	643	644	645	646	647	648	649	650
551	552	553	554	555	556	557	558	559	560	651	652	653	654	655	656	657	658	659	660
561	562	563	564	565	566	567	568	569	570	661	662	663	664	665	666	667	668	669	670
571	572	573	574	575	576	577	578	579	580	671	672	673	674	675	676	677	678	679	680
581	582	583	584	585	586	587	588	589	590	681	682	683	684	685	686	687	688	689	690
591	592	593	594	595	596	597	598	599	600	691	692	693	694	695	696	697	698	699	700

Klebestreifen

701	702	703	704	705	706	707	708	709	710	801	802	803	804	805	806	807	808	809	810
711	712	713	714	715	716	717	718	719	720	811	812	813	814	815	816	817	818	819	820
721	722	723	724	725	726	727	728	729	730	821	822	823	824	825	826	827	828	829	830
731	732	733	734	735	736	737	738	739	740	831	832	833	834	835	836	837	838	839	840
741	742	743	744	745	746	747	748	749	750	841	842	843	844	845	846	847	848	849	850
751	752	753	754	755	756	757	758	759	760	851	852	853	854	855	856	857	858	859	860
761	762	763	764	765	766	767	768	769	770	861	862	863	864	865	866	867	868	869	870
771	772	773	774	775	776	777	778	779	780	871	872	873	874	875	876	877	878	879	880
781	782	783	784	785	786	787	788	789	790	881	882	883	884	885	886	887	888	889	890
791	792	793	794	795	796	797	798	799	800	891	892	893	894	895	896	897	898	899	900

Klebestreifen

901	902	903	904	905	906	907	908	909	910
911	912	913	914	915	916	917	918	919	920
921	922	923	924	925	926	927	928	929	930
931	932	933	934	935	936	937	938	939	940
941	942	943	944	945	946	947	948	949	950
951	952	953	954	955	956	957	958	959	960
961	962	963	964	965	966	967	968	969	970
971	972	973	974	975	976	977	978	979	980
981	982	983	984	985	986	987	988	989	990
991	992	993	994	995	996	997	998	999	1000

Name: ______________________ Datum: ______________

Tausender-Streifen mit Punkten (1/2)

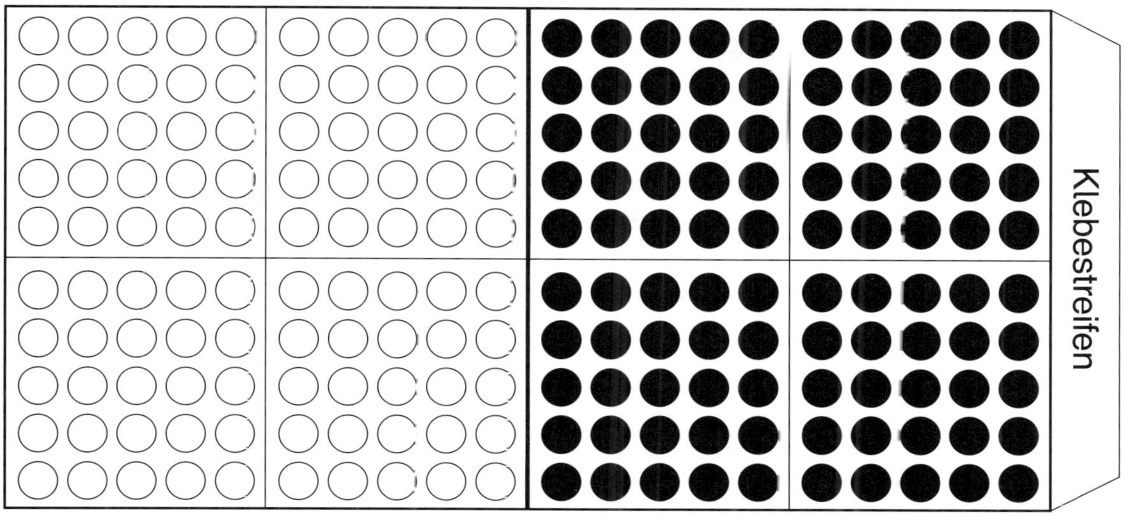

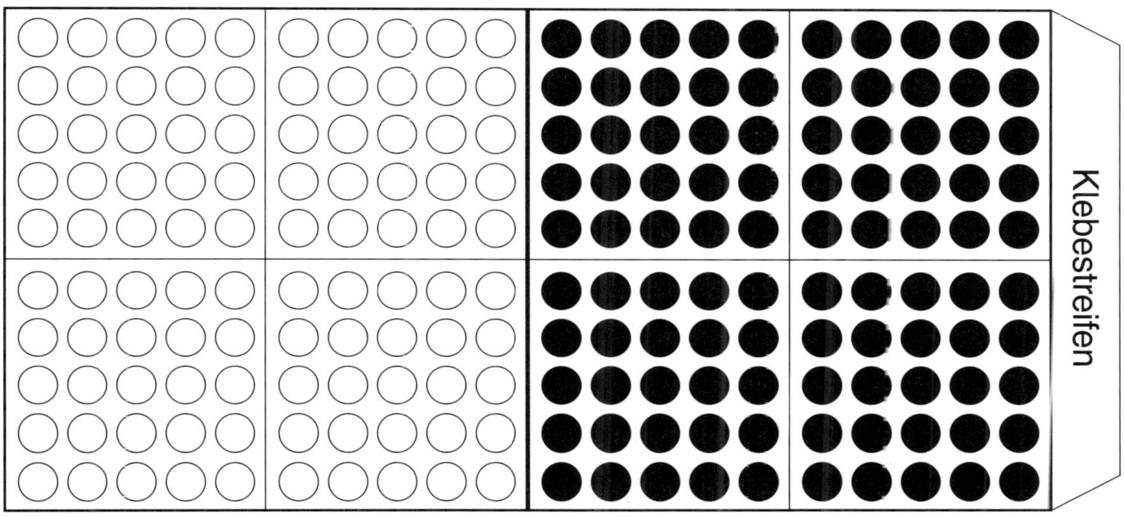

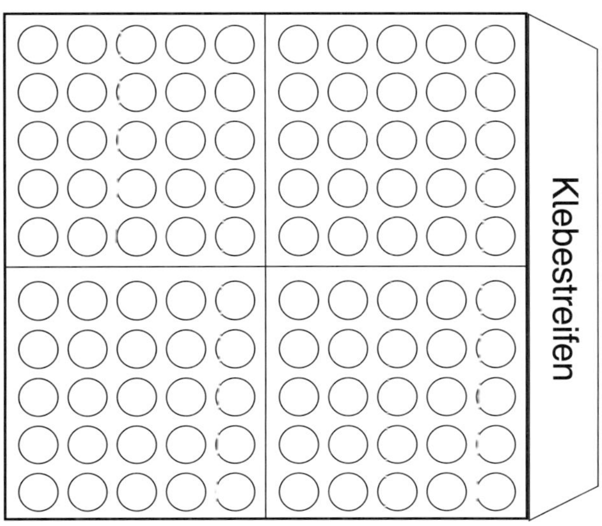

Name: ______________________ Datum: ______________

Tausender-Streifen mit Punkten (2/2)

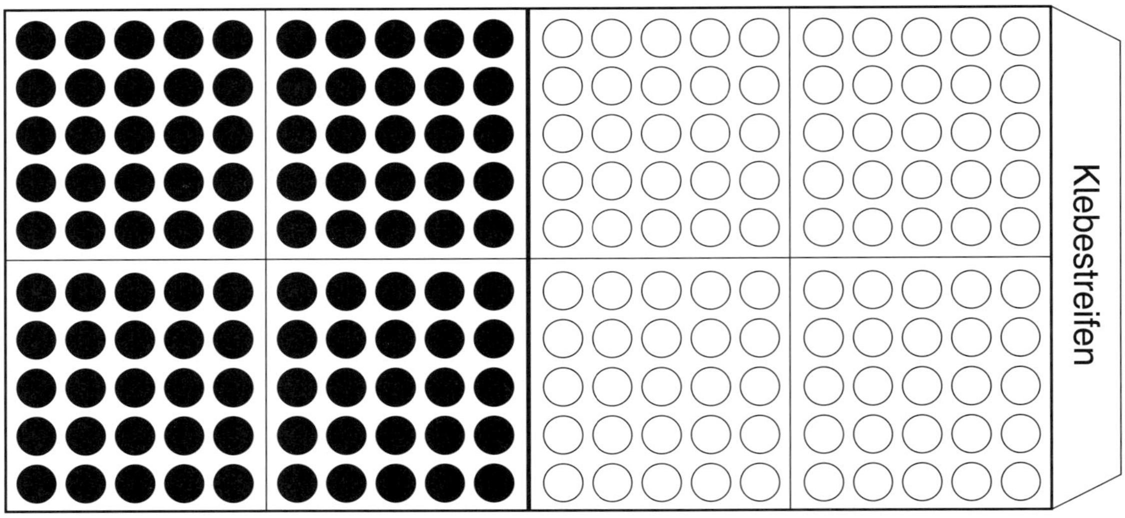

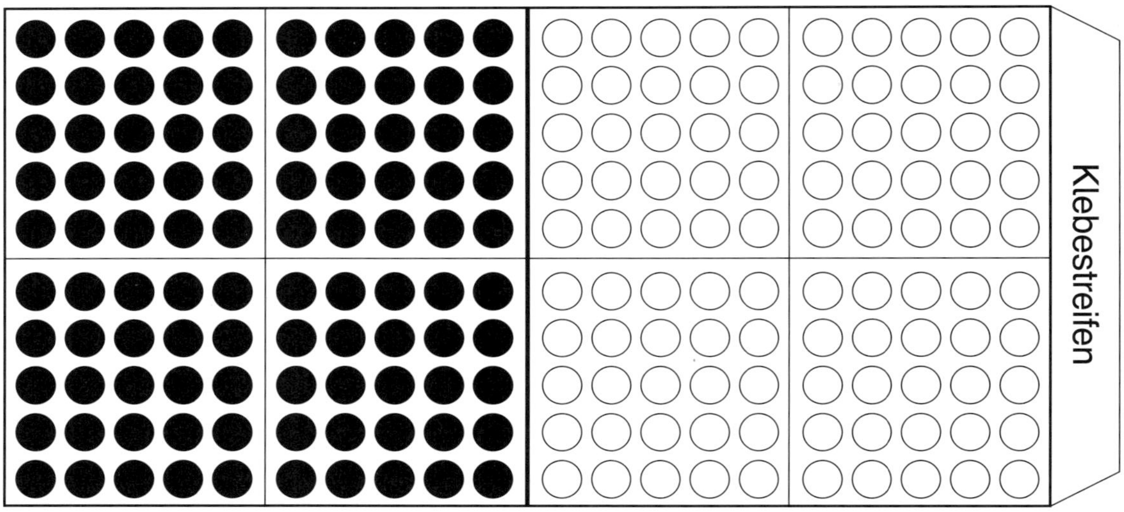

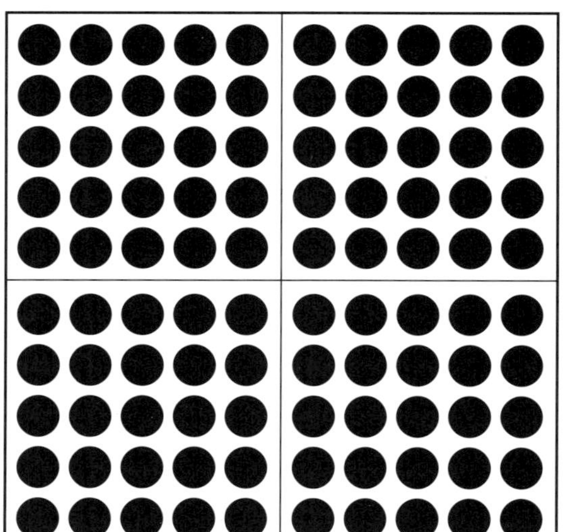

Name: ______________________________ Datum: ______________

T, H, Z, E in Würfeldarstellung

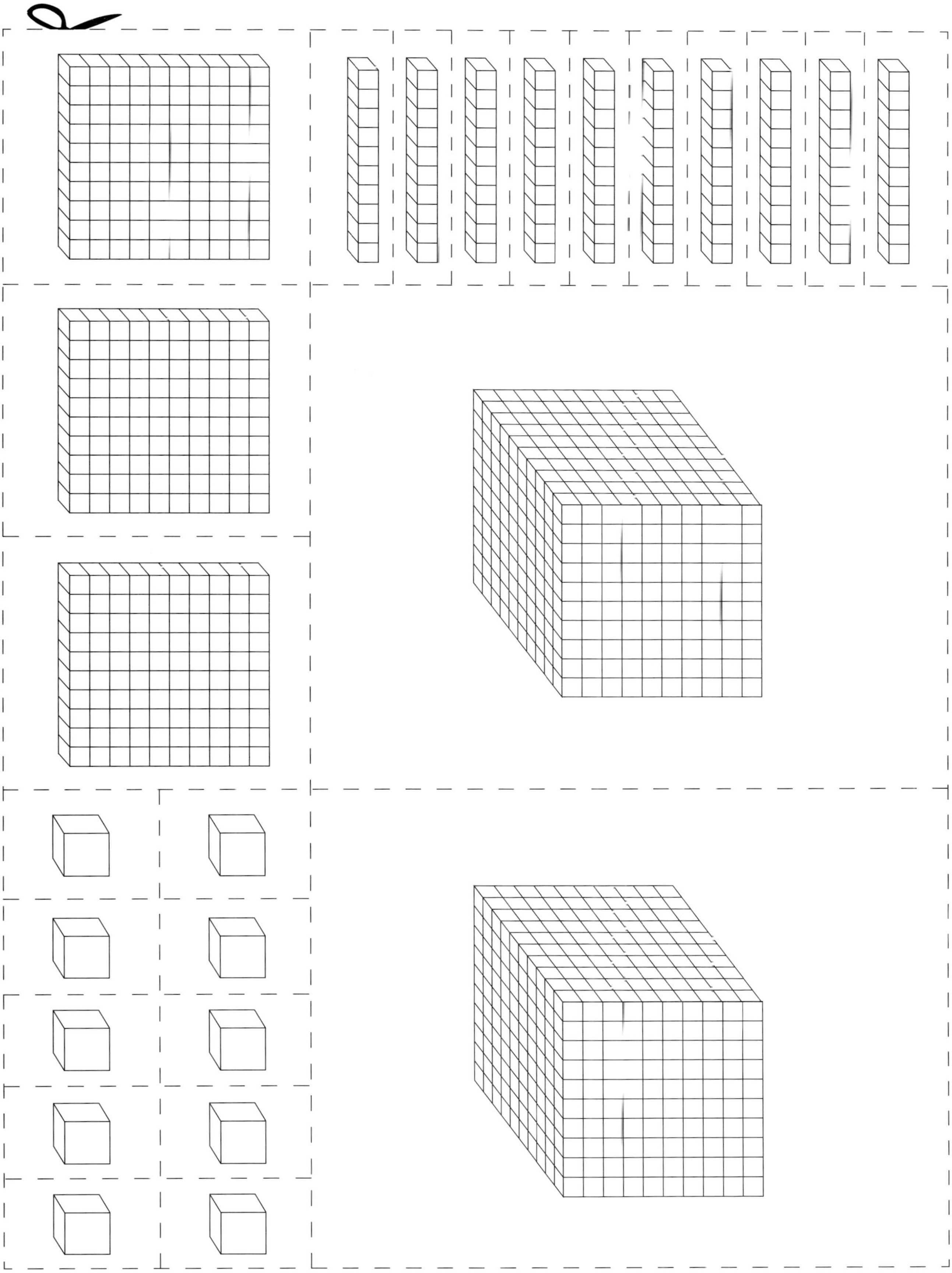

Name: ______________________ Datum: ______________

Stellenwert-Tafel

Einer 	
Zehner 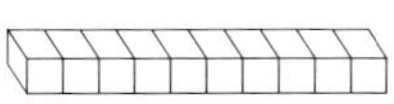	
Hunderter 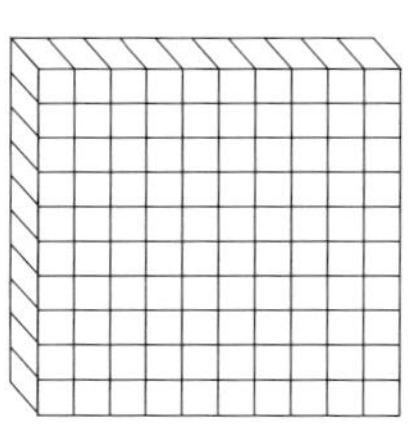	
Tausender 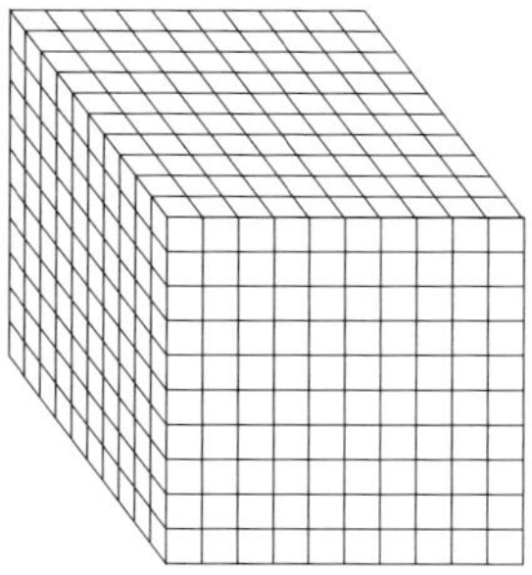	

Name: ______________________________ Datum: ______________

Stellenwert-Tafel (blanko)

Name: ______________________ Datum: ______________

Stellenwert-Karten (E und Z)

0	E	0	Z
1	E	1	Z
2	E	2	Z
3	E	3	Z
4	E	4	Z
5	E	5	Z
6	E	6	Z
7	E	7	Z
8	E	8	Z
9	E	9	Z

Name: ______________________ Datum: ______________

Stellenwert-Karten (H und T)

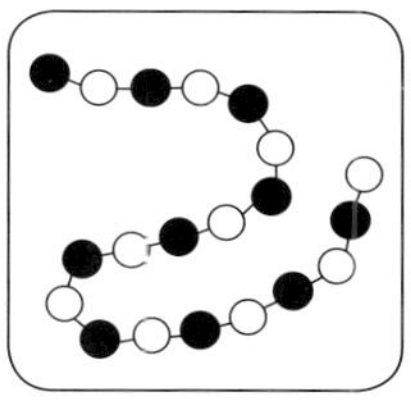

0	H	0	T
1	H	1	T
2	H	2	T
3	H	3	T
4	H	4	T
5	H	5	T
6	H	6	T
7	H	7	T
8	H	8	T
9	H	9	T

Name: ______________________________ Datum: ________________

Pfeilkarten (Einer)

1

2

3

4

5

6

7

8

9

0

Name: ______________________ Datum: ______________

Pfeilkarten (Zehner)

1 0	6 0
2 0	7 0
3 0	8 0
4 0	9 0
5 0	0 0

Name: ____________________ Datum: ____________

Pfeilkarten (Hunderter)

1	0	0

6	0	0

2	0	0

7	0	0

3	0	0

8	0	0

4	0	0

9	0	0

5	0	0

0	0	0

Name: ______________________ Datum: ______________

Pfeilkarten (Tausender)

1	0	0	0

2	0	0	0

3	0	0	0

4	0	0	0

5	0	0	0

6	0	0	0

7	0	0	0

8	0	0	0

9	0	0	0

0	0	0	0

Name: ______________________________ Datum: ________________

Zwanziger-Kette

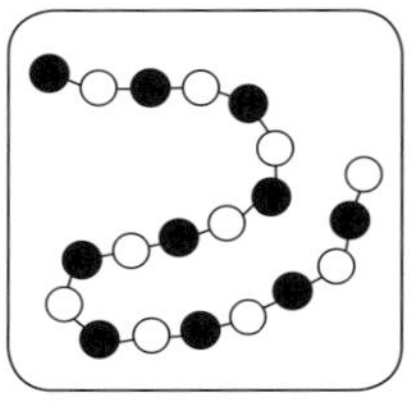

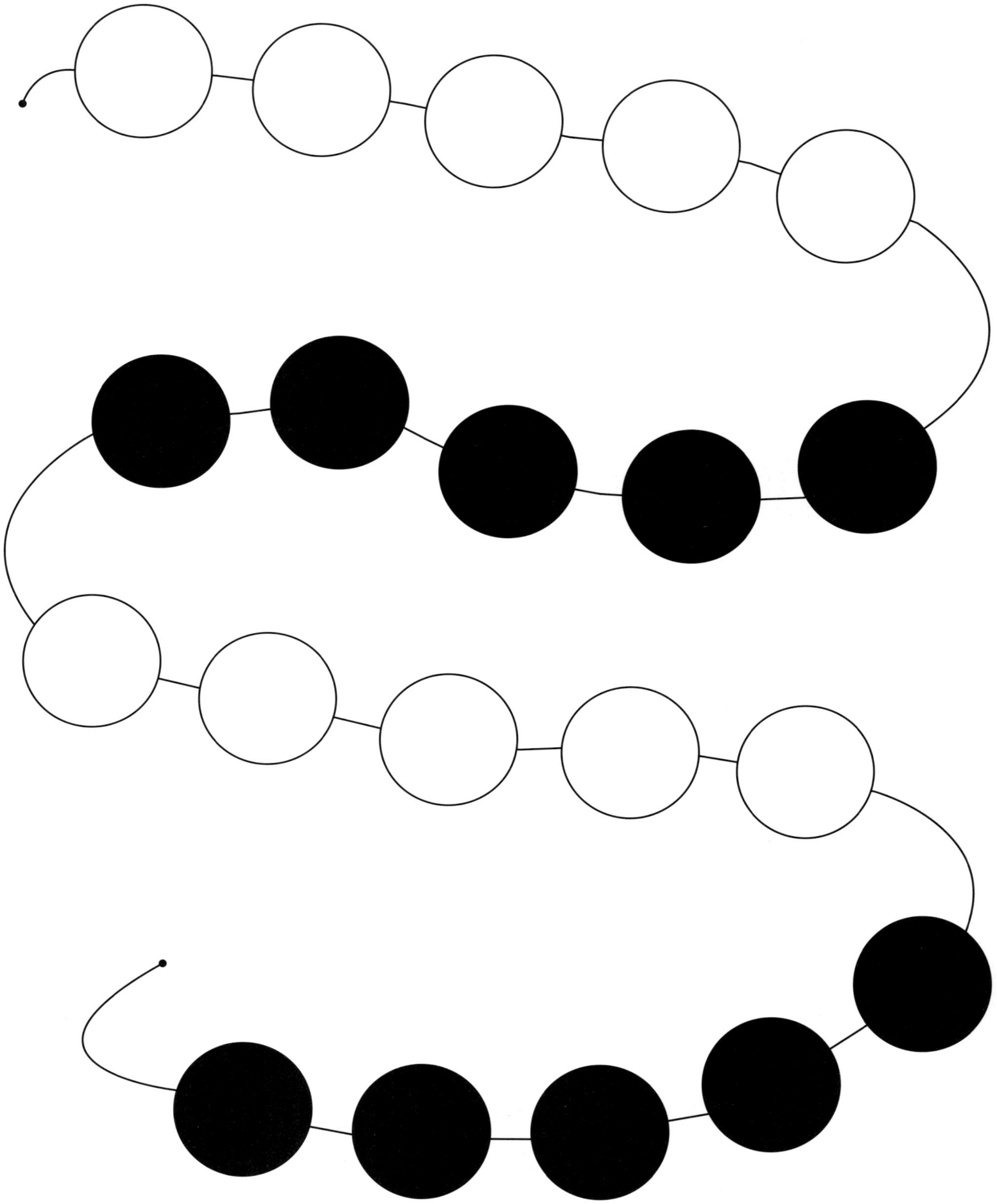

Name: ______________________ Datum: ____________

Hunderter-Kette

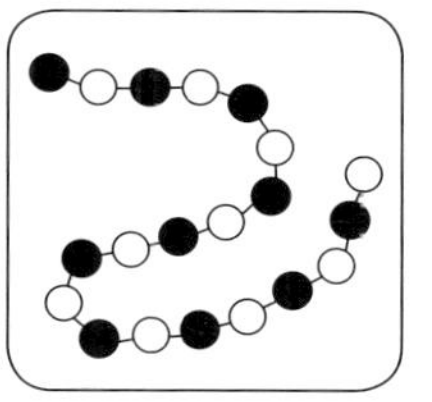

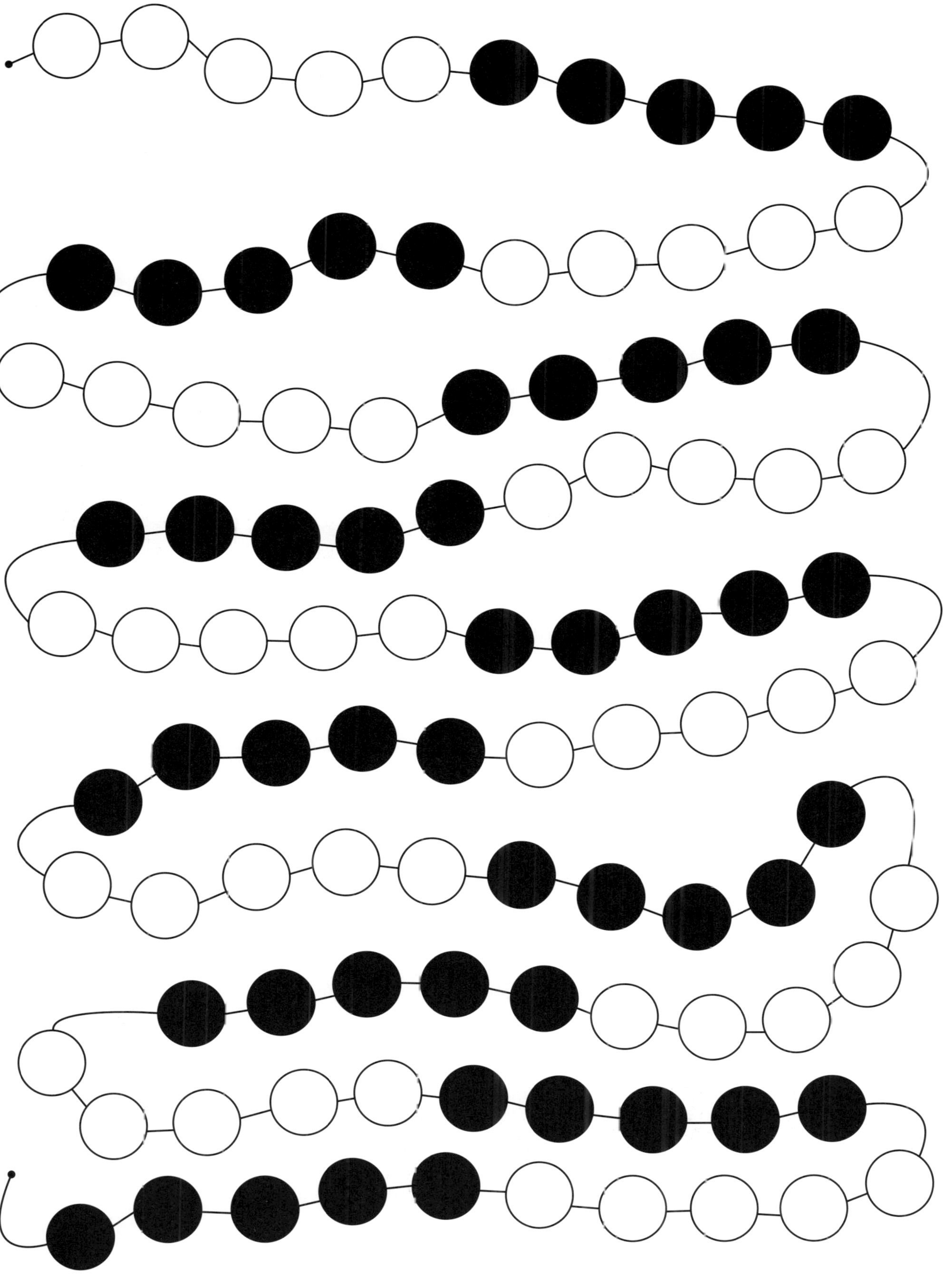

Name: ______________________ Datum: ______________

Hunderter-Zahlenstrahl

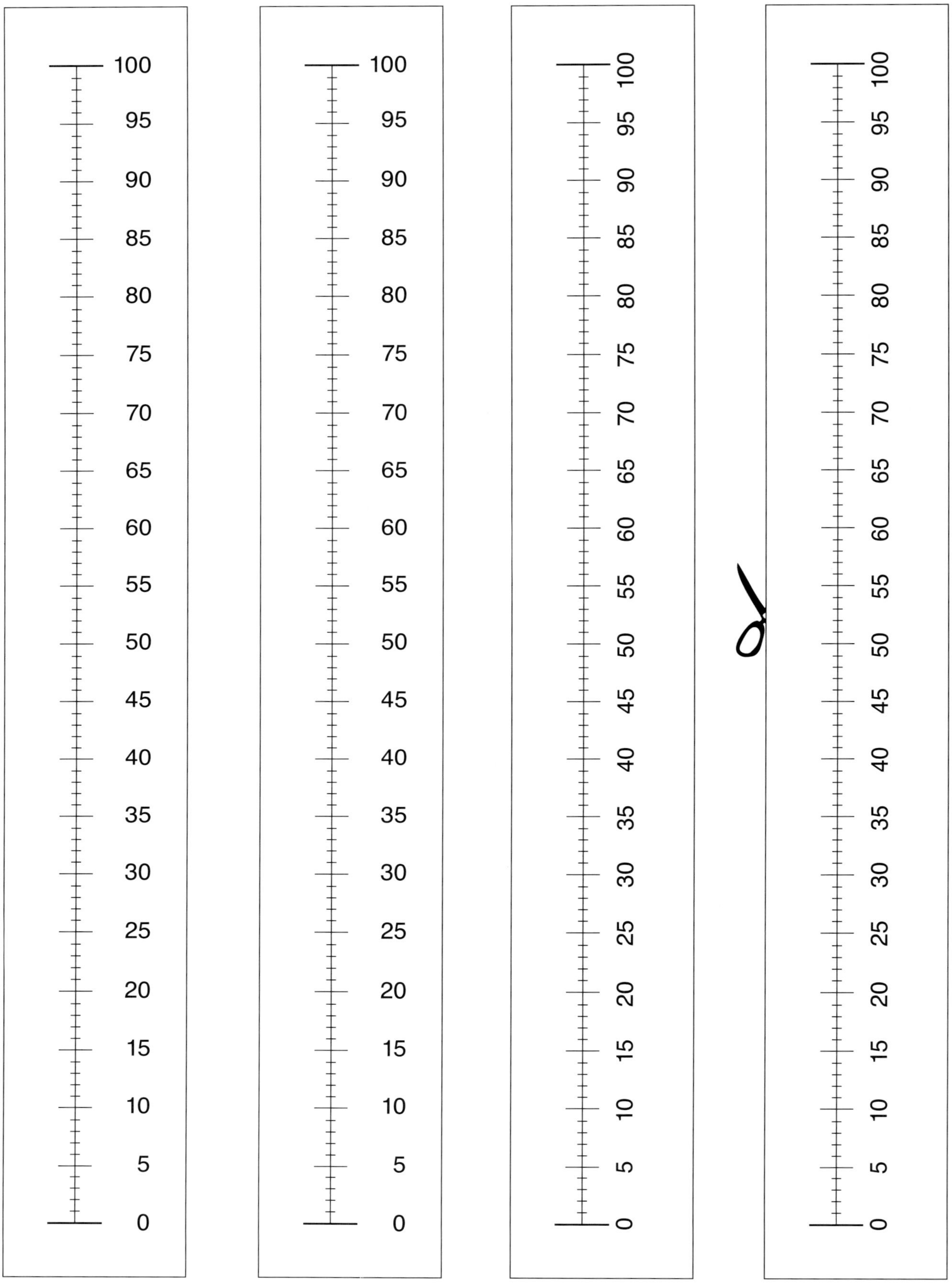

Name: ____________________ Datum: ____________

Zahlenstrahl

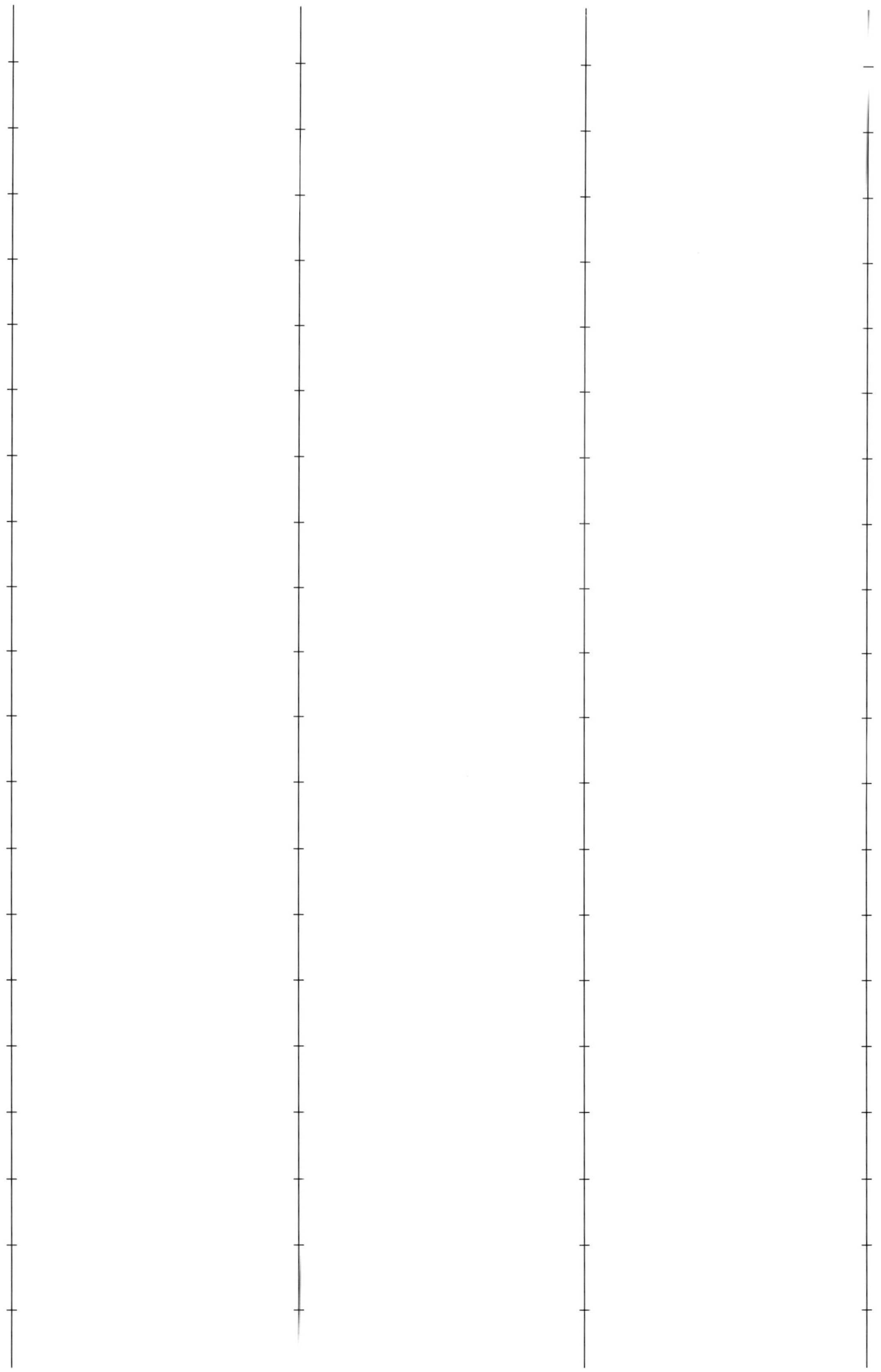

Name: ______________________ Datum: ______________

Zahlenstrahl/Rechenstrich

Name: ______________________ Datum: ______________

Ziffernkarten mit Rechenzeichen

1	2	3	4	5
1	2	3	4	5
6	7	8	9	0
6	7	8	9	0
+	−	·	:	=
+	−	·	:	=

Name: ______________________ Datum: ______________

Zahlenhäuser

Name: ______________________ Datum: ______________

Additionstafel 0–10 (17 cm · 17 cm)

+	0	1	2	3	4	5	6	7	8	9	10
0	0	1	2	3	4	5	6	7	8	9	10
1	1	2	3	4	5	6	7	8	9	10	11
2	2	3	4	5	6	7	8	9	10	11	12
3	3	4	5	6	7	8	9	10	11	12	13
4	4	5	6	7	8	9	10	11	12	13	14
5	5	6	7	8	9	10	11	12	13	14	15
6	6	7	8	9	10	11	12	13	14	15	16
7	7	8	9	10	11	12	13	14	15	16	17
8	8	9	10	11	12	13	14	15	16	17	18
9	9	10	11	12	13	14	15	16	17	18	19
10	10	11	12	13	14	15	16	17	18	19	20

Name: ______________________ Datum: ______________

Additionstafel 0–10 (7,5 cm · 7,5 cm)

+	0	1	2	3	4	5	6	7	8	9	10
0	0	1	2	3	4	5	6	7	8	9	10
1	1	2	3	4	5	6	7	8	9	10	11
2	2	3	4	5	6	7	8	9	10	11	12
3	3	4	5	6	7	8	9	10	11	12	13
4	4	5	6	7	8	9	10	11	12	13	14
5	5	6	7	8	9	10	11	12	13	14	15
6	6	7	8	9	10	11	12	13	14	15	16
7	7	8	9	10	11	12	13	14	15	16	17
8	8	9	10	11	12	13	14	15	16	17	18
9	9	10	11	12	13	14	15	16	17	18	19
10	10	11	12	13	14	15	16	17	18	19	20

+	0	1	2	3	4	5	6	7	8	9	10
0	0	1	2	3	4	5	6	7	8	9	10
1	1	2	3	4	5	6	7	8	9	10	11
2	2	3	4	5	6	7	8	9	10	11	12
3	3	4	5	6	7	8	9	10	11	12	13
4	4	5	6	7	8	9	10	11	12	13	14
5	5	6	7	8	9	10	11	12	13	14	15
6	6	7	8	9	10	11	12	13	14	15	16
7	7	8	9	10	11	12	13	14	15	16	17
8	8	9	10	11	12	13	14	15	16	17	18
9	9	10	11	12	13	14	15	16	17	18	19
10	10	11	12	13	14	15	16	17	18	19	20

+	0	1	2	3	4	5	6	7	8	9	10
0	0	1	2	3	4	5	6	7	8	9	10
1	1	2	3	4	5	6	7	8	9	10	11
2	2	3	4	5	6	7	8	9	10	11	12
3	3	4	5	6	7	8	9	10	11	12	13
4	4	5	6	7	8	9	10	11	12	13	14
5	5	6	7	8	9	10	11	12	13	14	15
6	6	7	8	9	10	11	12	13	14	15	16
7	7	8	9	10	11	12	13	14	15	16	17
8	8	9	10	11	12	13	14	15	16	17	18
9	9	10	11	12	13	14	15	16	17	18	19
10	10	11	12	13	14	15	16	17	18	19	20

+	0	1	2	3	4	5	6	7	8	9	10
0	0	1	2	3	4	5	6	7	8	9	10
1	1	2	3	4	5	6	7	8	9	10	11
2	2	3	4	5	6	7	8	9	10	11	12
3	3	4	5	6	7	8	9	10	11	12	13
4	4	5	6	7	8	9	10	11	12	13	14
5	5	6	7	8	9	10	11	12	13	14	15
6	6	7	8	9	10	11	12	13	14	15	16
7	7	8	9	10	11	12	13	14	15	16	17
8	8	9	10	11	12	13	14	15	16	17	18
9	9	10	11	12	13	14	15	16	17	18	19
10	10	11	12	13	14	15	16	17	18	19	20

+	0	1	2	3	4	5	6	7	8	9	10
0	0	1	2	3	4	5	6	7	8	9	10
1	1	2	3	4	5	6	7	8	9	10	11
2	2	3	4	5	6	7	8	9	10	11	12
3	3	4	5	6	7	8	9	10	11	12	13
4	4	5	6	7	8	9	10	11	12	13	14
5	5	6	7	8	9	10	11	12	13	14	15
6	6	7	8	9	10	11	12	13	14	15	16
7	7	8	9	10	11	12	13	14	15	16	17
8	8	9	10	11	12	13	14	15	16	17	18
9	9	10	11	12	13	14	15	16	17	18	19
10	10	11	12	13	14	15	16	17	18	19	20

+	0	1	2	3	4	5	6	7	8	9	10
0	0	1	2	3	4	5	6	7	8	9	10
1	1	2	3	4	5	6	7	8	9	10	11
2	2	3	4	5	6	7	8	9	10	11	12
3	3	4	5	6	7	8	9	10	11	12	13
4	4	5	6	7	8	9	10	11	12	13	14
5	5	6	7	8	9	10	11	12	13	14	15
6	6	7	8	9	10	11	12	13	14	15	16
7	7	8	9	10	11	12	13	14	15	16	17
8	8	9	10	11	12	13	14	15	16	17	18
9	9	10	11	12	13	14	15	16	17	18	19
10	10	11	12	13	14	15	16	17	18	19	20

Name: ____________________ Datum: ____________

Additionstafel 1–10 (blanko 17 cm · 17 cm)

+	1	2	3	4	5	6	7	8	9	10
1										
2										
3										
4										
5										
6										
7										
8										
9										
10										

Name: ______________________ Datum: ______________

Additionstafel 0–10 (blanko 17 cm · 17 cm)

+	0	1	2	3	4	5	6	7	8	9	10
0											
1											
2											
3											
4											
5											
6											
7											
8											
9											
10											

Name: ______________________ Datum: ______________

Zahlenpyramiden

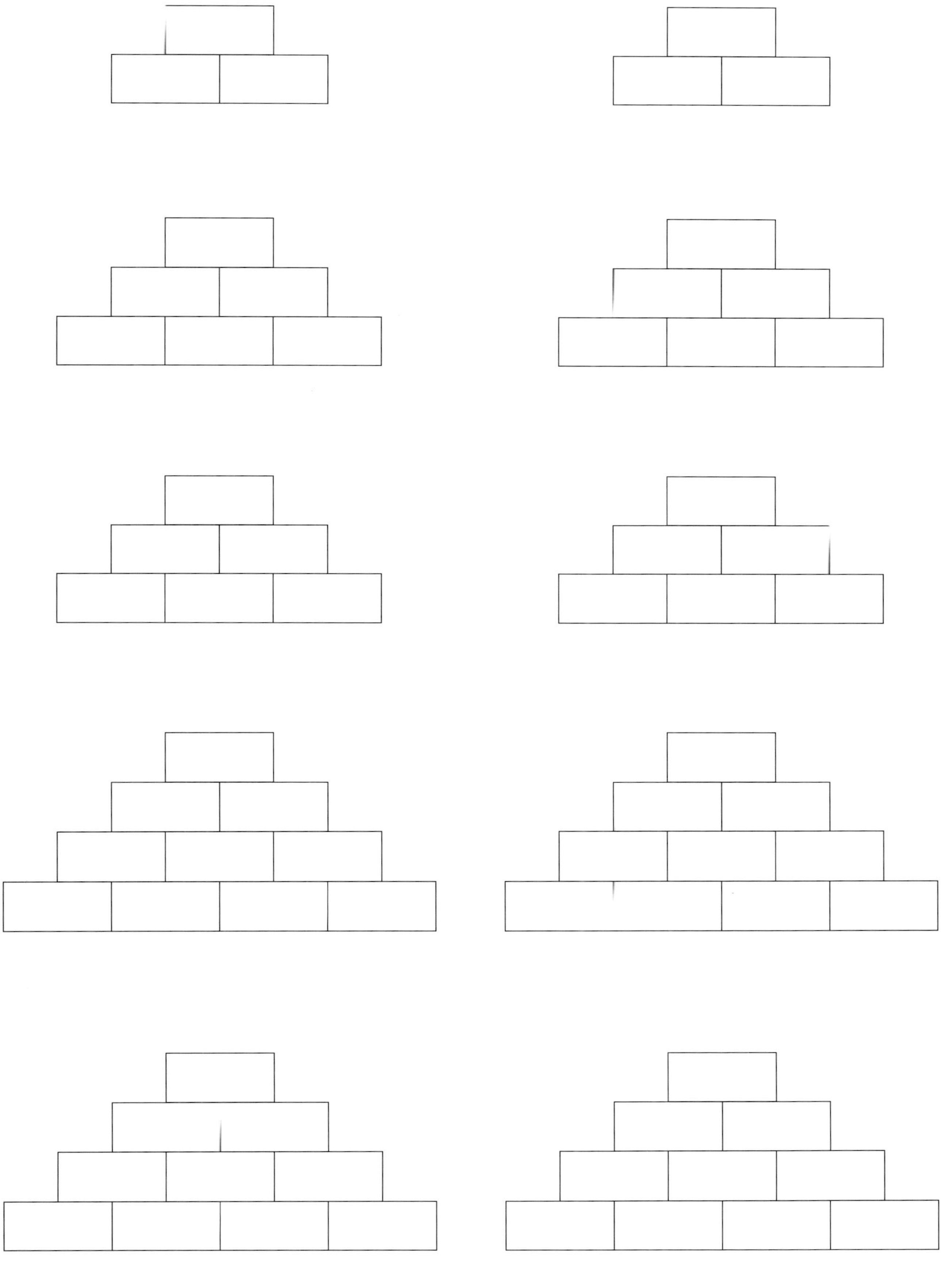

Name: ______________________ Datum: ______________

Zauberdreiecke

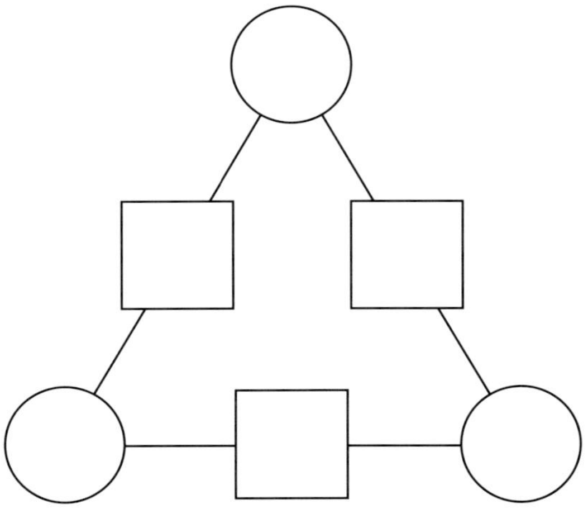

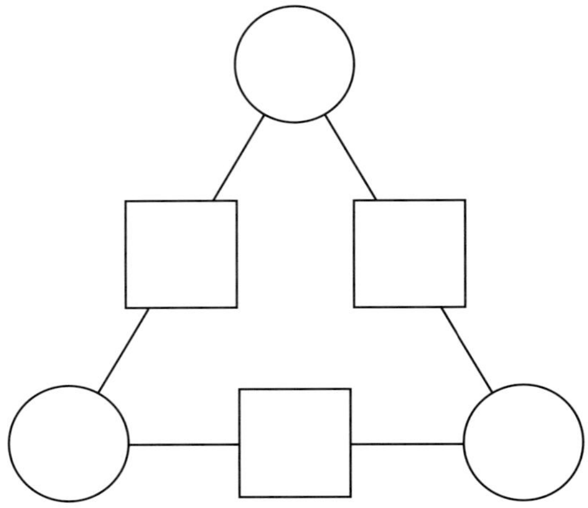

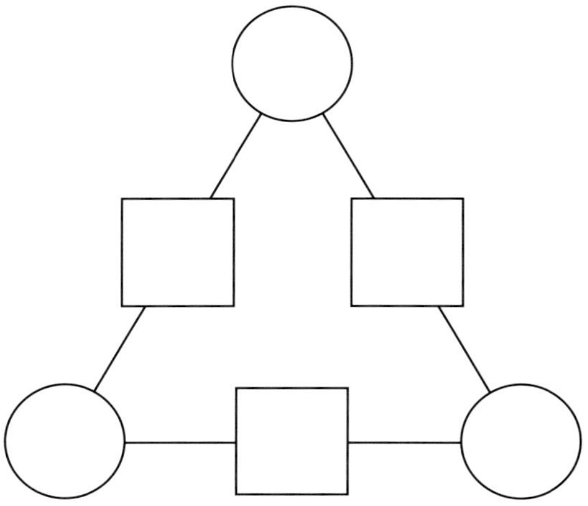

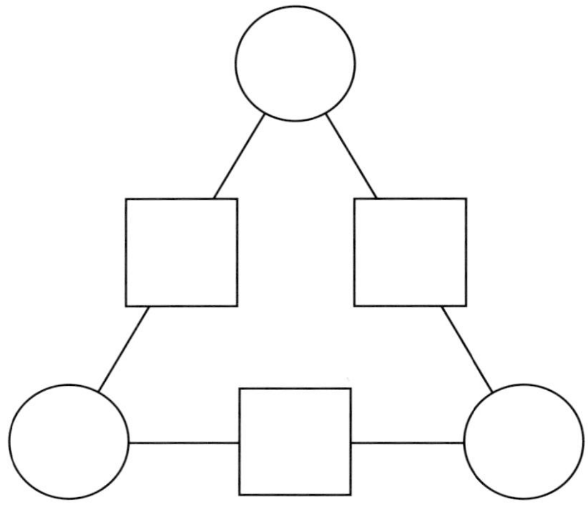

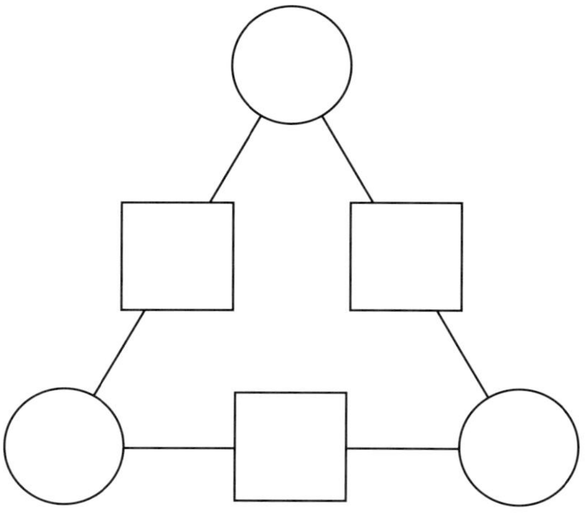

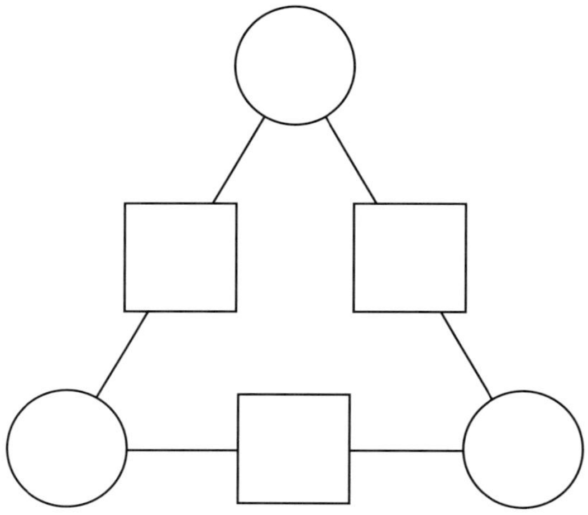

Name: ______________________ Datum: ______________

Zauberquadrate

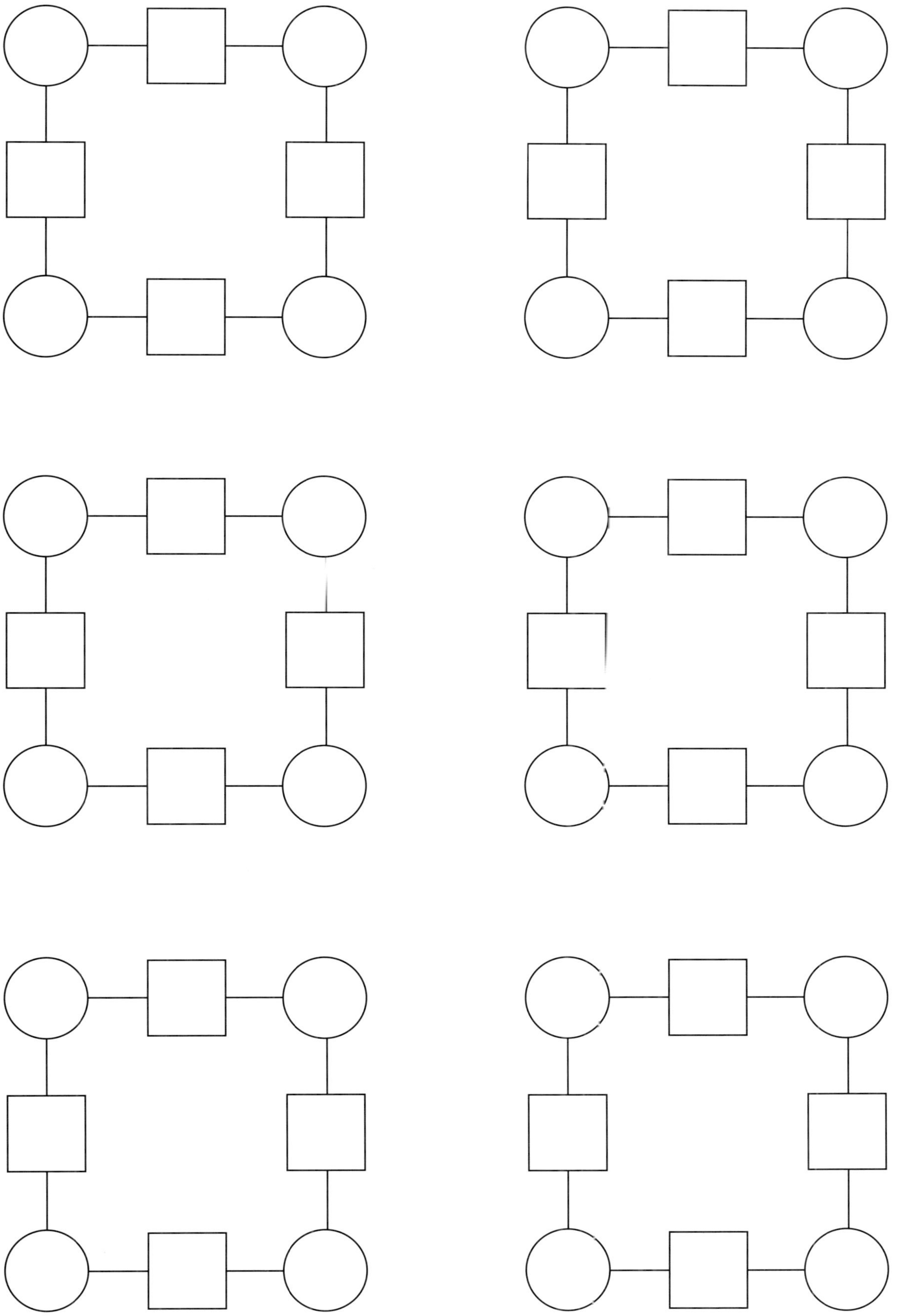

© Verlag an der Ruhr | Postfach 10 22 51 | 45422 Mülheim an der Ruhr | www.verlagruhr.de | ISBN 978-3-8346-60249-7

Name: ______________________ Datum: ______________

Magische Quadrate

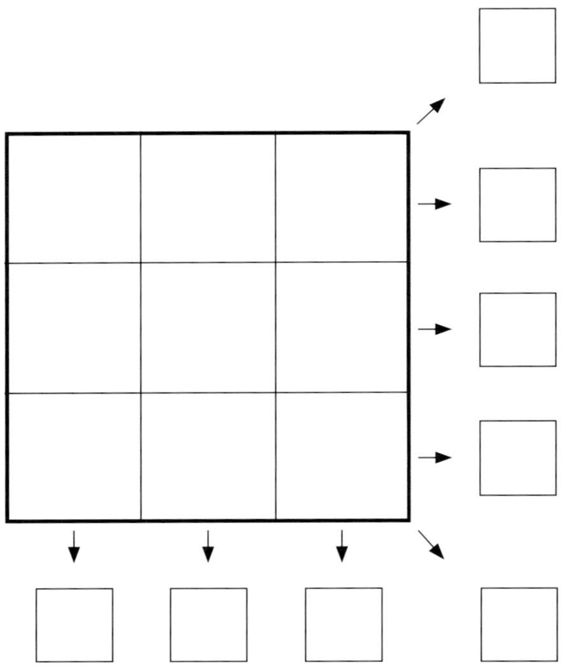

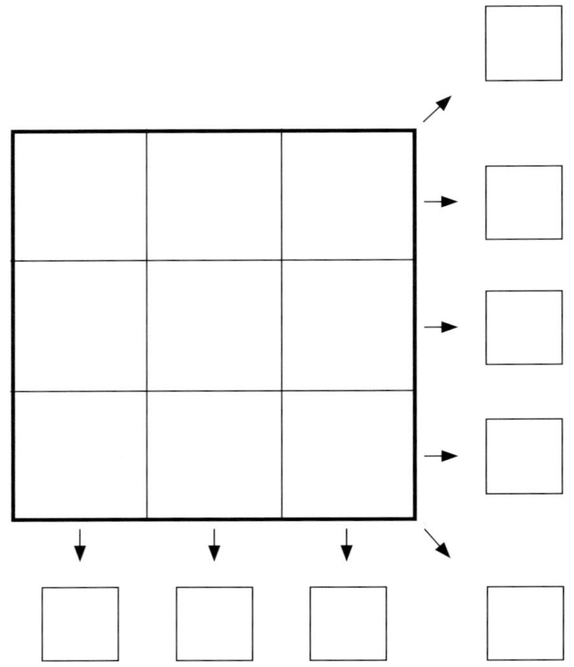

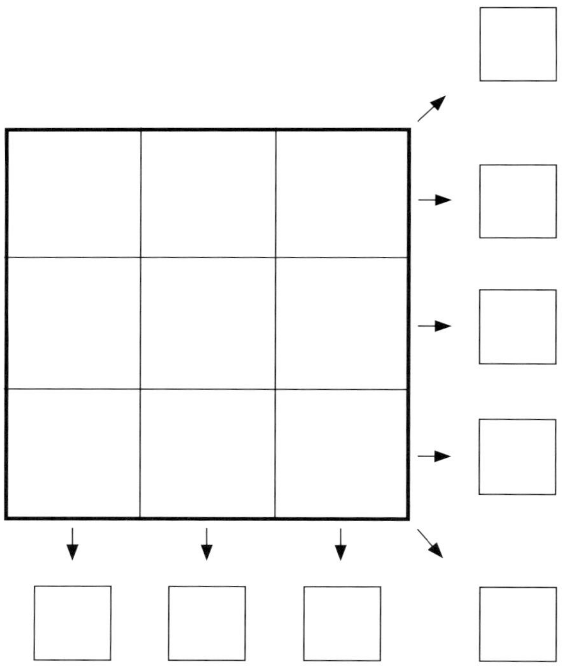

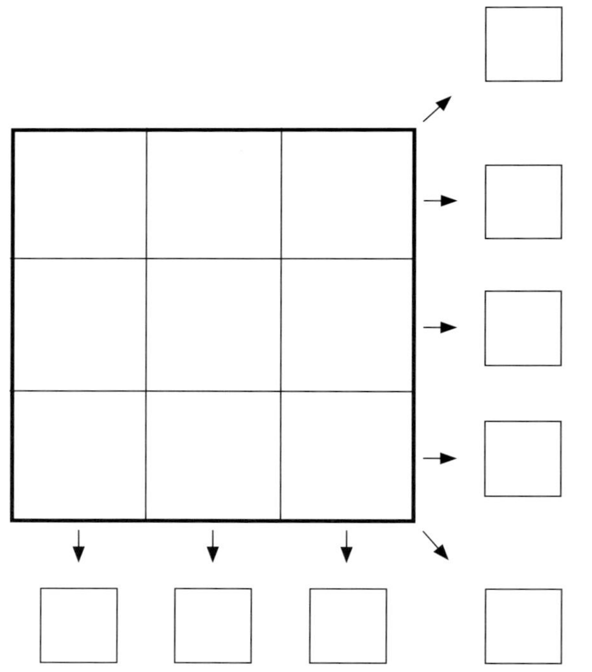

Name: ______________________ Datum: ______________

Rechendreiecke

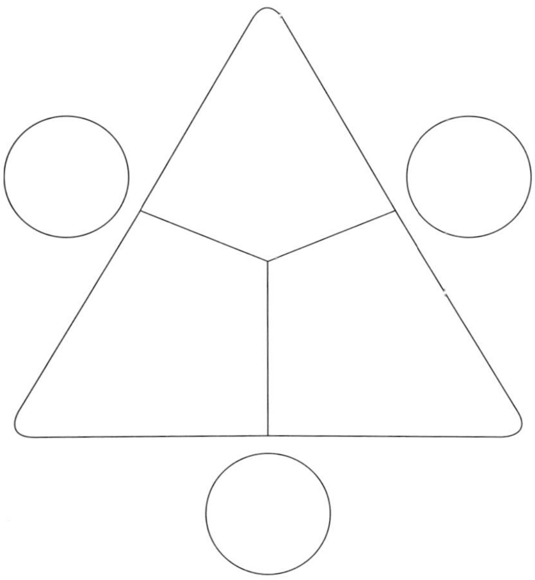

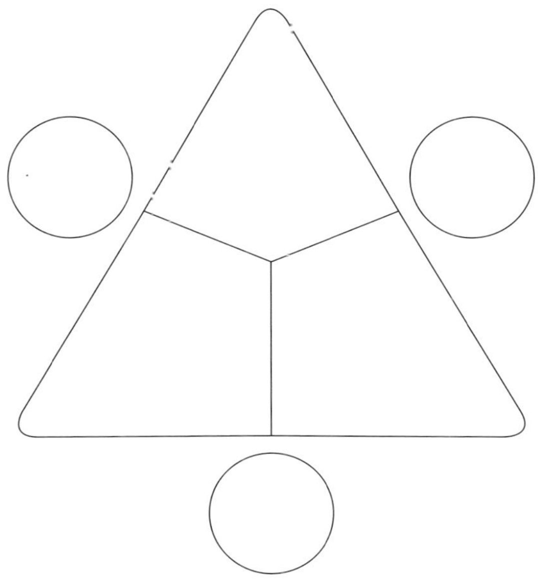

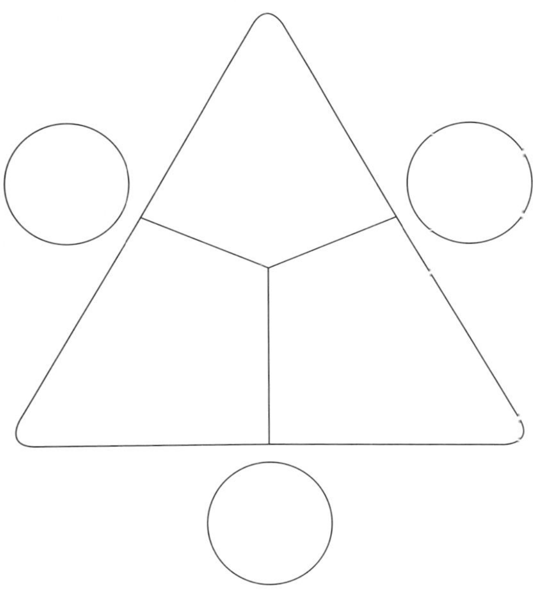

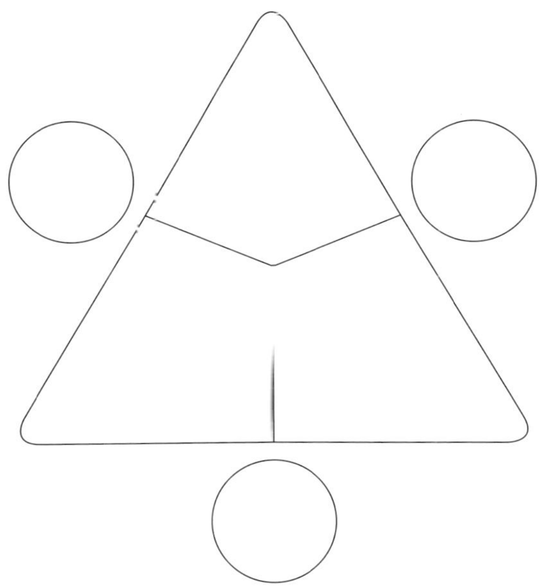

Name: ______________________ Datum: ______________

Würfeltabelle

	1	2	3	4	5	6
1						
2						
3						
4						
5						
6						

Name: ______________________ Datum: ______________

Einmaleins-Tafel 0–10 (17 cm · 17 cm)

•	0	1	2	3	4	5	6	7	8	9	10
0	0	0	0	0	0	0	0	0	0	0	0
1	0	1	2	3	4	5	6	7	8	9	10
2	0	2	4	6	8	10	12	14	16	18	20
3	0	3	6	9	12	15	18	21	24	27	30
4	0	4	8	12	16	20	24	28	32	36	40
5	0	5	10	15	20	25	30	35	40	45	50
6	0	6	12	18	24	30	36	42	48	54	60
7	0	7	14	21	28	35	42	49	56	63	70
8	0	8	16	24	32	40	48	56	64	72	80
9	0	9	18	27	36	45	54	63	72	81	90
10	0	10	20	30	40	50	60	70	80	90	100

Name: ______________________________ Datum: ____________________

Einmaleins-Tafel 0–10 (7,5 cm · 7,5 cm)

•	0	1	2	3	4	5	6	7	8	9	10
0	0	0	0	0	0	0	0	0	0	0	0
1	0	1	2	3	4	5	6	7	8	9	10
2	0	2	4	6	8	10	12	14	16	18	20
3	0	3	6	9	12	15	18	21	24	27	30
4	0	4	8	12	16	20	24	28	32	36	40
5	0	5	10	15	20	25	30	35	40	45	50
6	0	6	12	18	24	30	36	42	48	54	60
7	0	7	14	21	28	35	42	49	56	63	70
8	0	8	16	24	32	40	48	56	64	72	80
9	0	9	18	27	36	45	54	63	72	81	90
10	0	10	20	30	40	50	60	70	80	90	100

•	0	1	2	3	4	5	6	7	8	9	10
0	0	0	0	0	0	0	0	0	0	0	0
1	0	1	2	3	4	5	6	7	8	9	10
2	0	2	4	6	8	10	12	14	16	18	20
3	0	3	6	9	12	15	18	21	24	27	30
4	0	4	8	12	16	20	24	28	32	36	40
5	0	5	10	15	20	25	30	35	40	45	50
6	0	6	12	18	24	30	36	42	48	54	60
7	0	7	14	21	28	35	42	49	56	63	70
8	0	8	16	24	32	40	48	56	64	72	80
9	0	9	18	27	36	45	54	63	72	81	90
10	0	10	20	30	40	50	60	70	80	90	100

•	0	1	2	3	4	5	6	7	8	9	10
0	0	0	0	0	0	0	0	0	0	0	0
1	0	1	2	3	4	5	6	7	8	9	10
2	0	2	4	6	8	10	12	14	16	18	20
3	0	3	6	9	12	15	18	21	24	27	30
4	0	4	8	12	16	20	24	28	32	36	40
5	0	5	10	15	20	25	30	35	40	45	50
6	0	6	12	18	24	30	36	42	48	54	60
7	0	7	14	21	28	35	42	49	56	63	70
8	0	8	16	24	32	40	48	56	64	72	80
9	0	9	18	27	36	45	54	63	72	81	90
10	0	10	20	30	40	50	60	70	80	90	100

•	0	1	2	3	4	5	6	7	8	9	10
0	0	0	0	0	0	0	0	0	0	0	0
1	0	1	2	3	4	5	6	7	8	9	10
2	0	2	4	6	8	10	12	14	16	18	20
3	0	3	6	9	12	15	18	21	24	27	30
4	0	4	8	12	16	20	24	28	32	36	40
5	0	5	10	15	20	25	30	35	40	45	50
6	0	6	12	18	24	30	36	42	48	54	60
7	0	7	14	21	28	35	42	49	56	63	70
8	0	8	16	24	32	40	48	56	64	72	80
9	0	9	18	27	36	45	54	63	72	81	90
10	0	10	20	30	40	50	60	70	80	90	100

•	0	1	2	3	4	5	6	7	8	9	10
0	0	0	0	0	0	0	0	0	0	0	0
1	0	1	2	3	4	5	6	7	8	9	10
2	0	2	4	6	8	10	12	14	16	18	20
3	0	3	6	9	12	15	18	21	24	27	30
4	0	4	8	12	16	20	24	28	32	36	40
5	0	5	10	15	20	25	30	35	40	45	50
6	0	6	12	18	24	30	36	42	48	54	60
7	0	7	14	21	28	35	42	49	56	63	70
8	0	8	16	24	32	40	48	56	64	72	80
9	0	9	18	27	36	45	54	63	72	81	90
10	0	10	20	30	40	50	60	70	80	90	100

•	0	1	2	3	4	5	6	7	8	9	10
0	0	0	0	0	0	0	0	0	0	0	0
1	0	1	2	3	4	5	6	7	8	9	10
2	0	2	4	6	8	10	12	14	16	18	20
3	0	3	6	9	12	15	18	21	24	27	30
4	0	4	8	12	16	20	24	28	32	36	40
5	0	5	10	15	20	25	30	35	40	45	50
6	0	6	12	18	24	30	36	42	48	54	60
7	0	7	14	21	28	35	42	49	56	63	70
8	0	8	16	24	32	40	48	56	64	72	80
9	0	9	18	27	36	45	54	63	72	81	90
10	0	10	20	30	40	50	60	70	80	90	100

Name: ______________________________ Datum: _______________

Einmaleins-Tafel 0–10 (blanko 11 cm · 11 cm)

•	0	1	2	3	4	5	6	7	8	9	10
0											
1											
2											
3											
4											
5											
6											
7											
8											
9											
10											

•	0	1	2	3	4	5	6	7	8	9	10
0											
1											
2											
3											
4											
5											
6											
7											
8											
9											
10											

© Verlag an der Ruhr | Postfach 10 22 51 | 45422 Mülheim an der Ruhr | www.verlagruhr.de | ISBN 978-3-8346-60249-7

Name: ______________________ Datum: ______________

Einmaleins-Ketten (1/2)

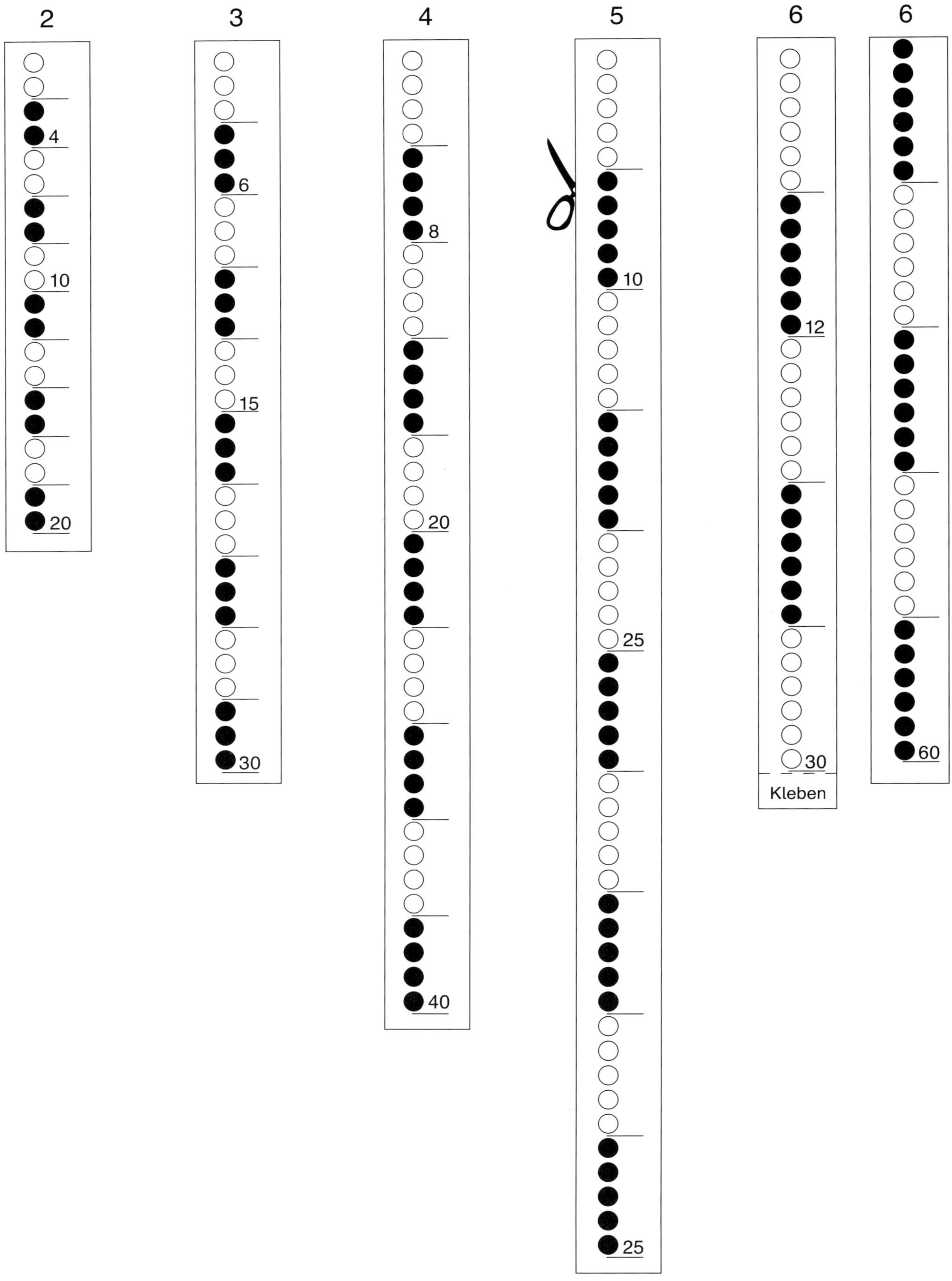

Name: ______________________ Datum: ______________

Einmaleins-Ketten (2/2)

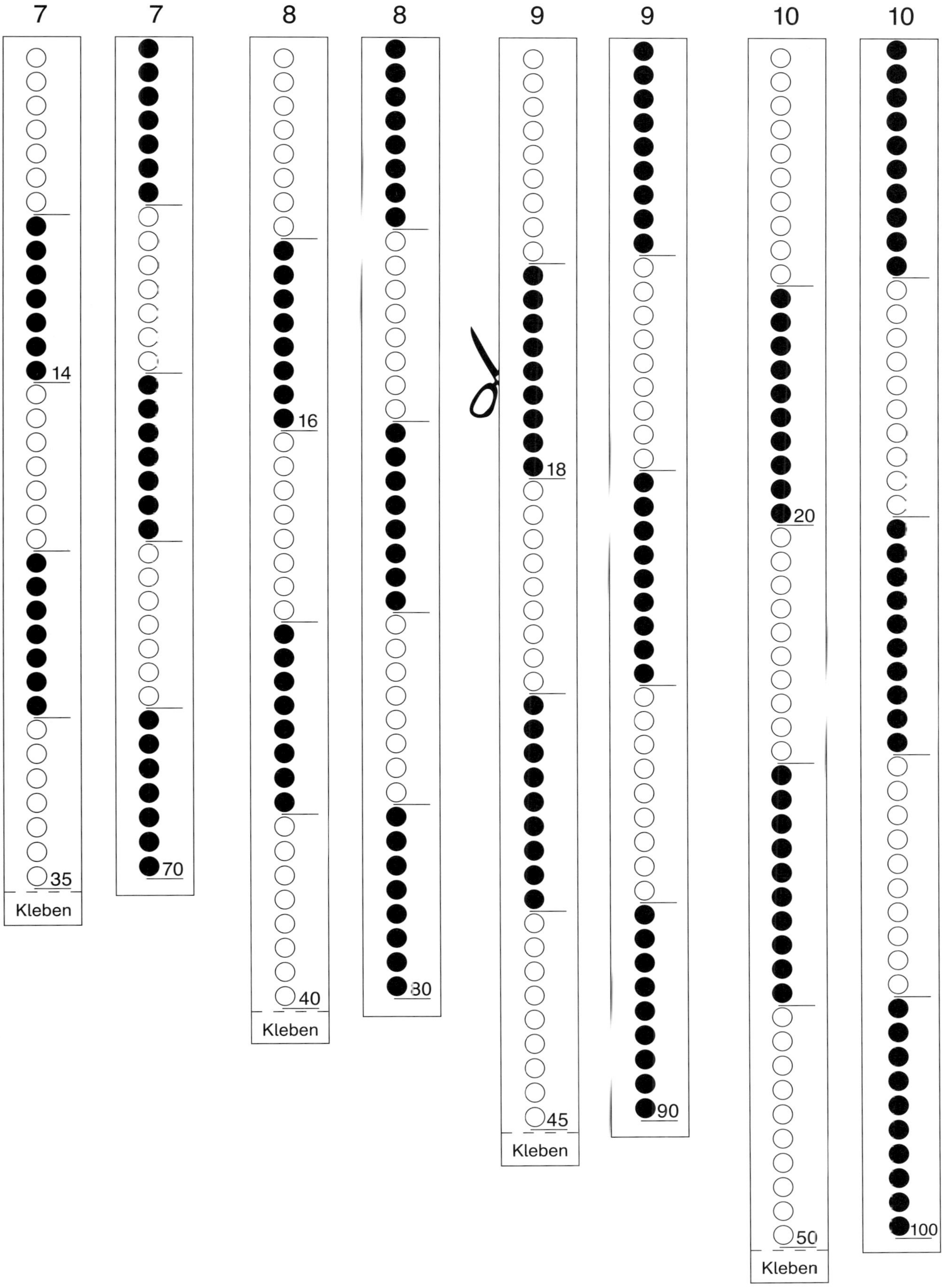

Name: ______________________ Datum: ______________

Einmaleins-Tafel (gr. Einmaleins)

•	11	12	13	14	15	16	17	18	19	20
1	11	12	13	14	15	16	17	18	19	20
2	22	24	26	28	30	32	34	36	38	40
3	33	36	39	42	45	48	51	54	57	60
4	44	48	52	56	60	64	68	72	76	80
5	55	60	65	70	75	80	85	90	95	100
6	66	72	78	84	90	96	102	108	114	120
7	77	84	91	98	105	112	119	126	133	140
8	88	96	104	112	120	128	136	144	152	160
9	99	108	117	126	135	144	153	162	171	180
10	110	120	130	140	150	160	170	180	190	200

Name: ______________________ Datum: ______________

Einmaleins-Tafel (gr. Einmaleins/blanko)

•	11	12	13	14	15	16	17	18	19	20
1										
2										
3										
4										
5										
6										
7										
8										
9										
10										

Name: ______________________ Datum: ______________

Nepersche Streifen

9	0/9	1/8	2/7	3/6	4/5	5/4	6/3	7/2	8/1	9/0
8	0/8	1/6	2/4	3/2	4/0	4/8	5/6	6/4	7/2	8/0
7	0/7	1/4	2/1	2/8	3/5	4/2	4/9	5/6	6/3	7/0
6	0/6	1/2	1/8	2/4	3/0	3/6	4/2	4/8	5/4	6/0
5	0/5	1/0	1/5	2/0	2/5	3/0	3/5	4/0	4/5	5/0
4	0/4	0/8	1/2	1/6	2/0	2/4	2/8	3/2	3/6	4/0
3	0/3	0/6	0/9	1/2	1/5	1/8	2/1	2/4	2/7	3/0
2	0/2	0/4	0/6	0/8	1/0	1/2	1/4	1/6	1/8	2/0
1	0/1	0/2	0/3	0/4	0/5	0/6	0/7	0/8	0/9	1/0
0	0/0	0/0	0/0	0/0	0/0	0/0	0/0	0/0	0/0	0/0

Name: ______________________________ Datum: ______________

Einmaleins-Gitter

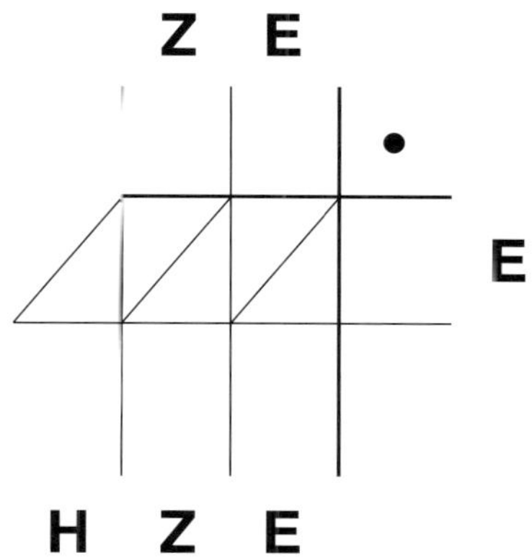

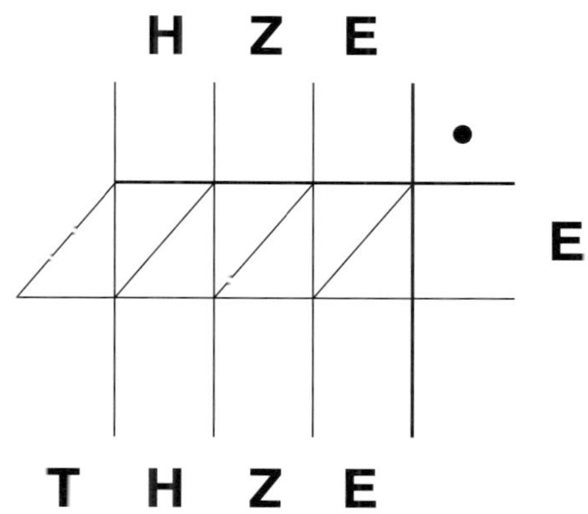

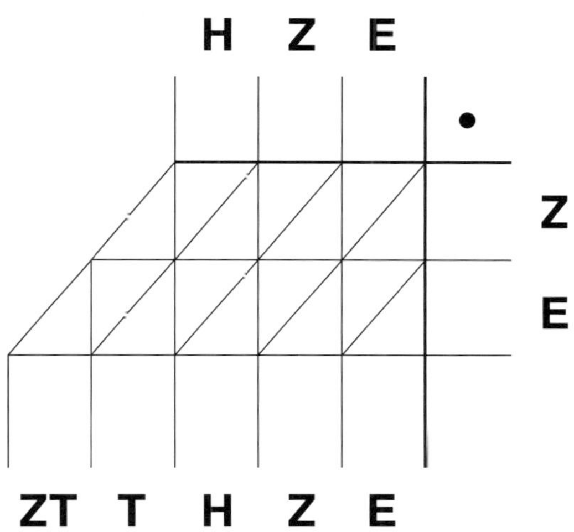

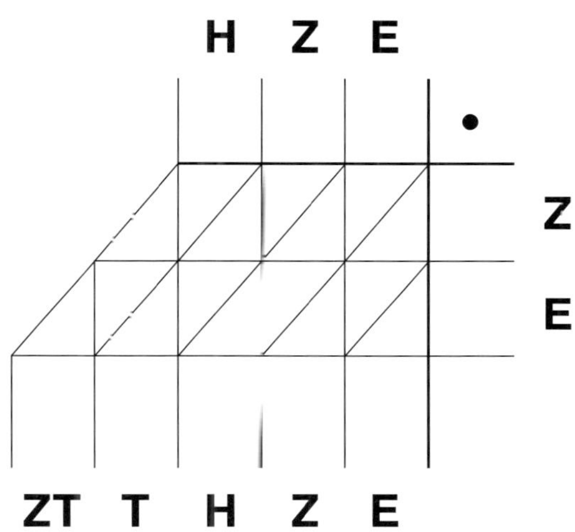

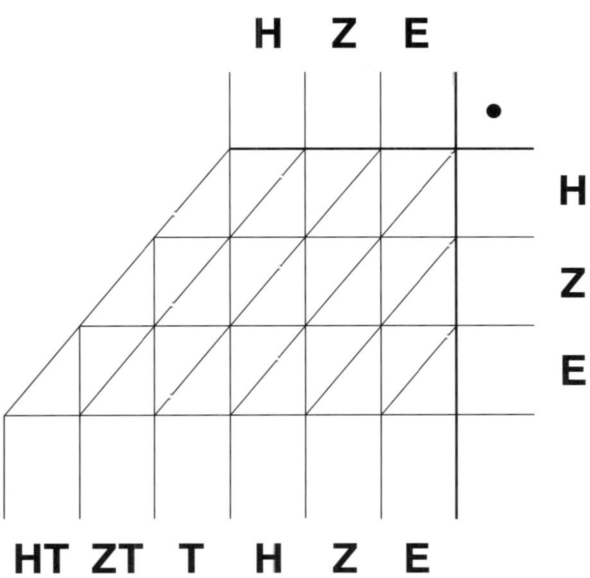

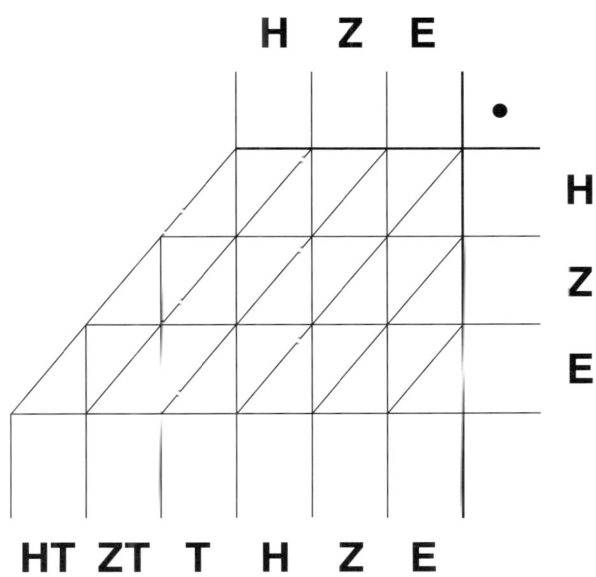

Name: ______________________ Datum: ______________

Lineal 0–20

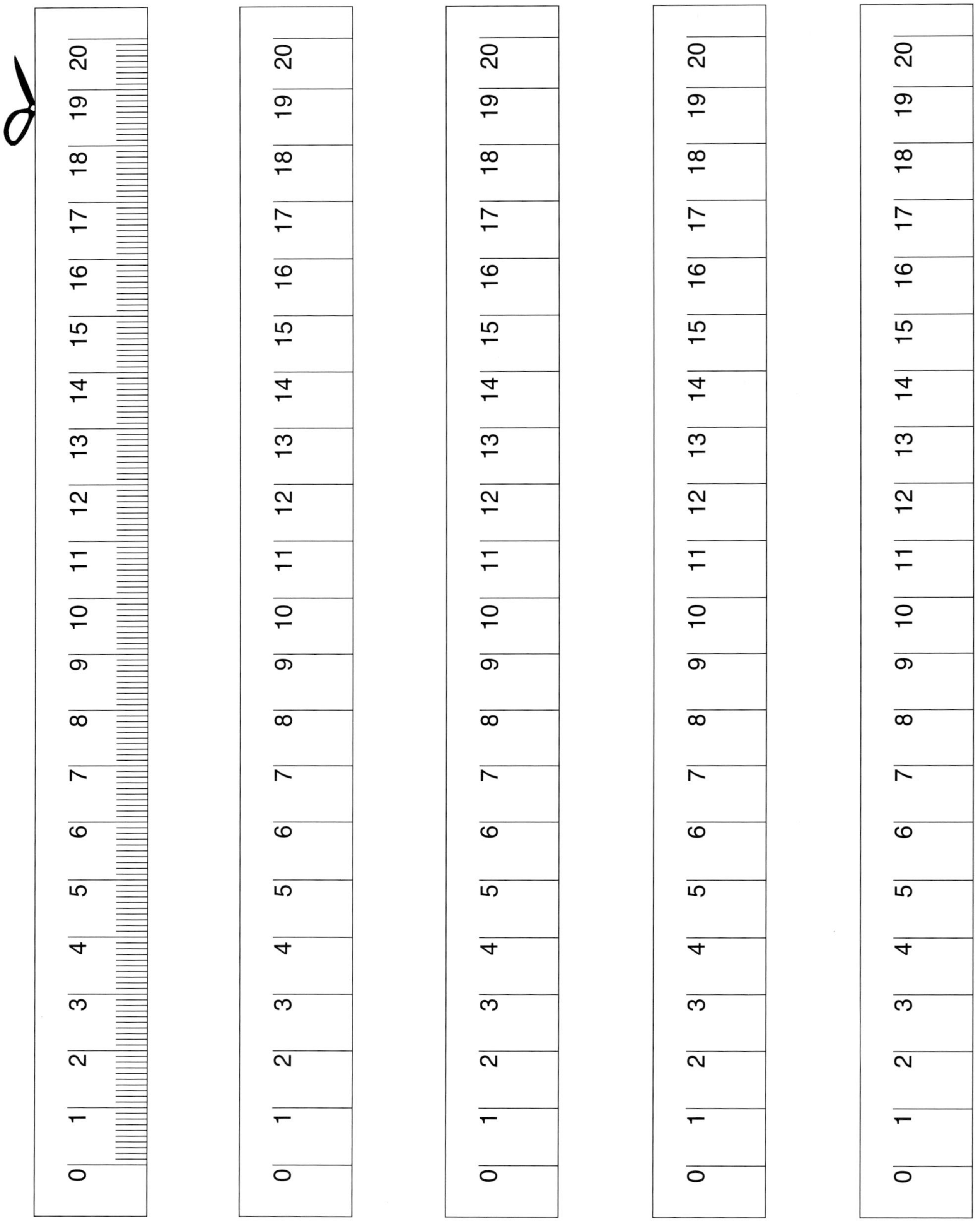

Name: ______________________ Datum: ______________

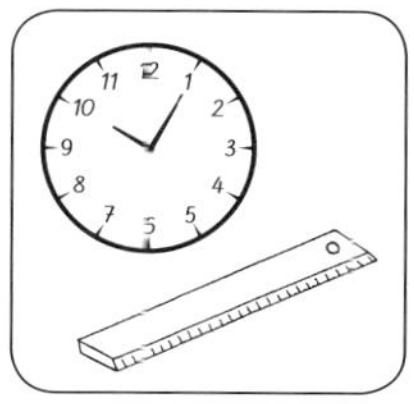

Basteluhr

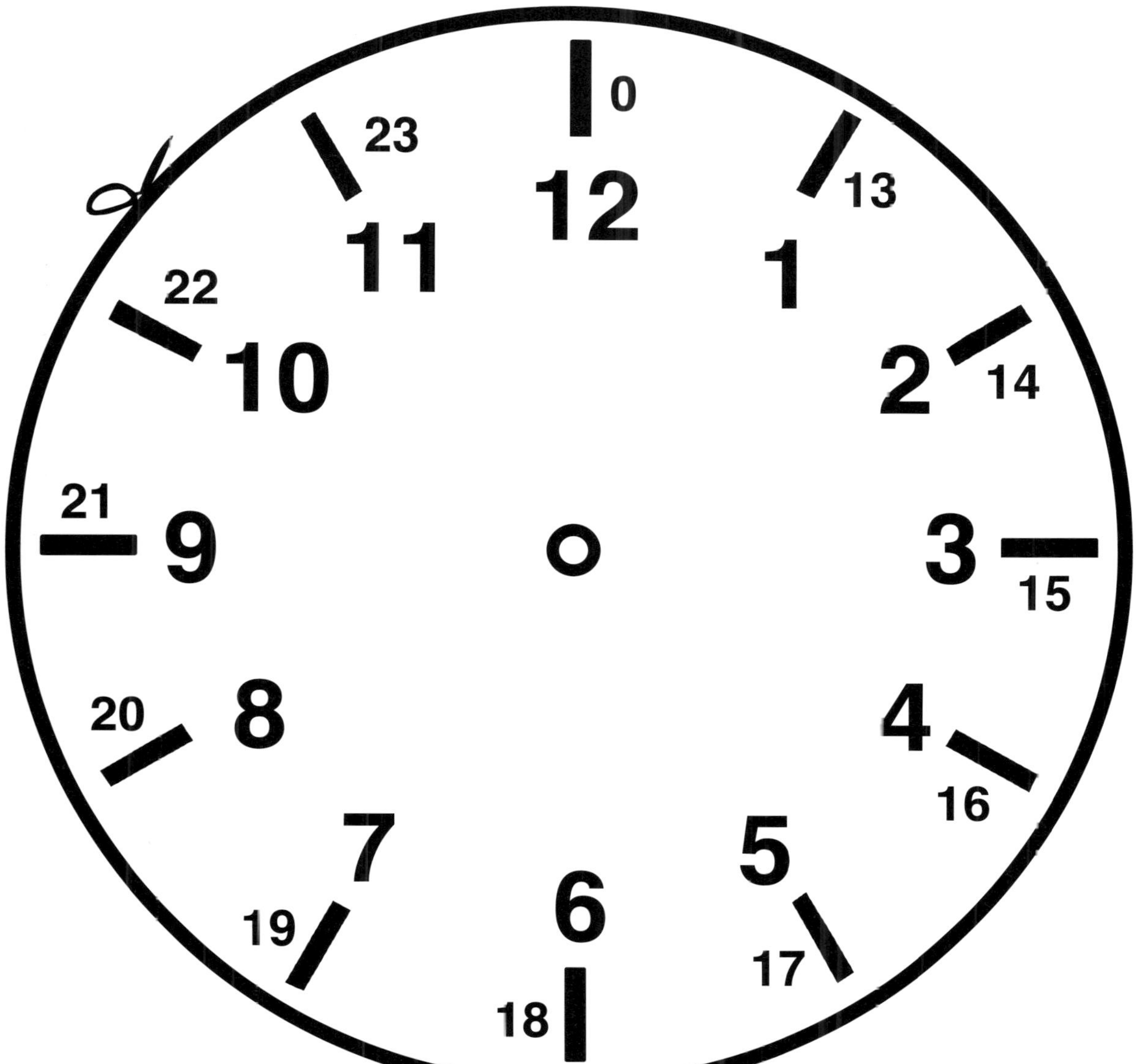

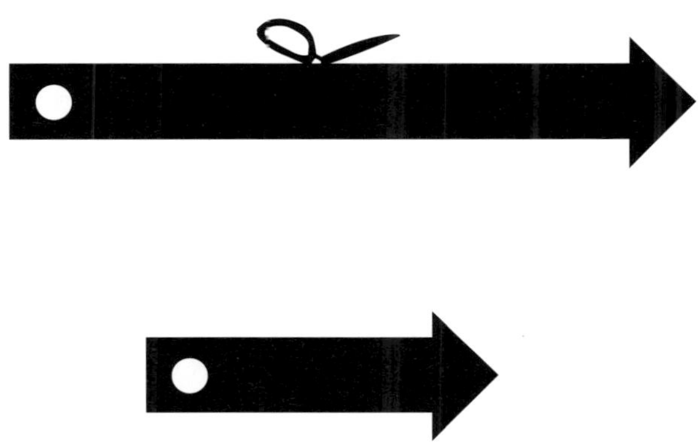

Name: ______________________________ Datum: ____________________

Zifferblätter (arabische Zahlen)

Name: ______________________ Datum: ______________

Zifferblätter (römische Zahlen)

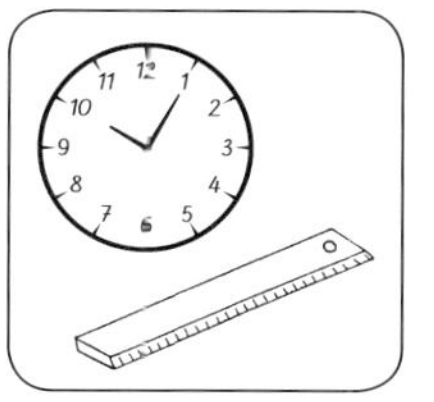

Name: ______________________ Datum: ______________

Uhrzeit – Digitalanzeigen

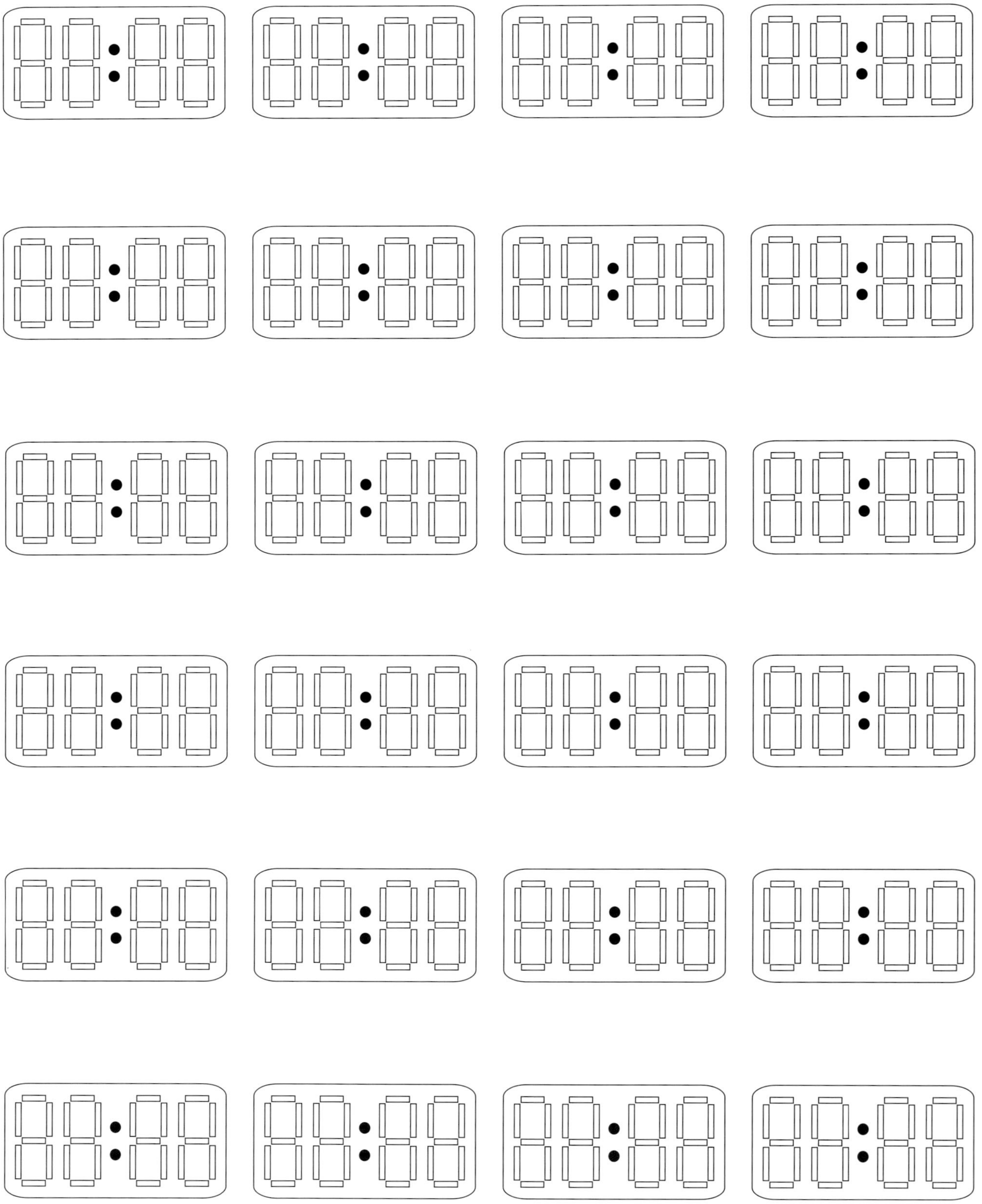

Name: ______________________ Datum: ______________

Zifferblätter mit Digitalanzeigen

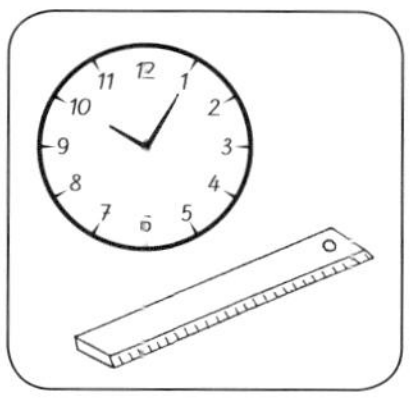

Name: ______________________ Datum: ______________

Kalendervorlage Monat (blanko)

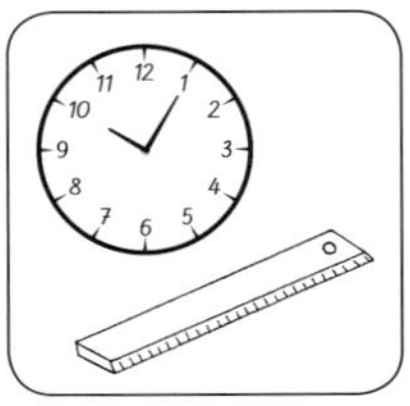

Monat ______________________ Jahr ______________

Montag	Dienstag	Mittwoch	Donnerstag	Freitag	Samstag	Sonntag

Monat ______________________ Jahr ______________

Montag	Dienstag	Mittwoch	Donnerstag	Freitag	Samstag	Sonntag

Name: ______________________ Datum: ______________

Quadratpapier (10 mm)

Name: ______________________________ Datum: _______________

Quadratpapier (20 mm)

Name: ______________________ Datum: ______________

Punktgitter quadratisch

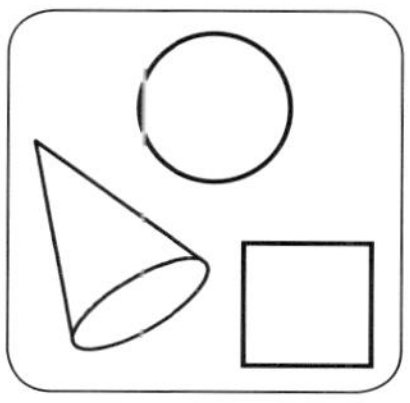

Name: ______________________ Datum: ______________

Dreieckspapier

Name: ______________________ Datum: ______________

Punktgitter dreieckig

Name: ______________________ Datum: ______________

Geobrett-Gitter 4 • 4 (groß)

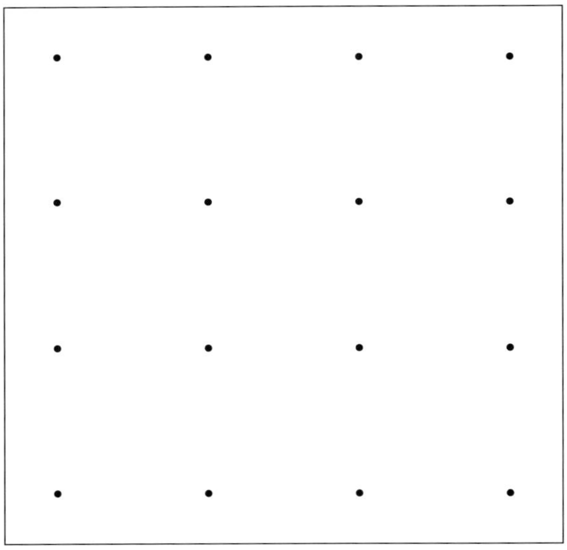

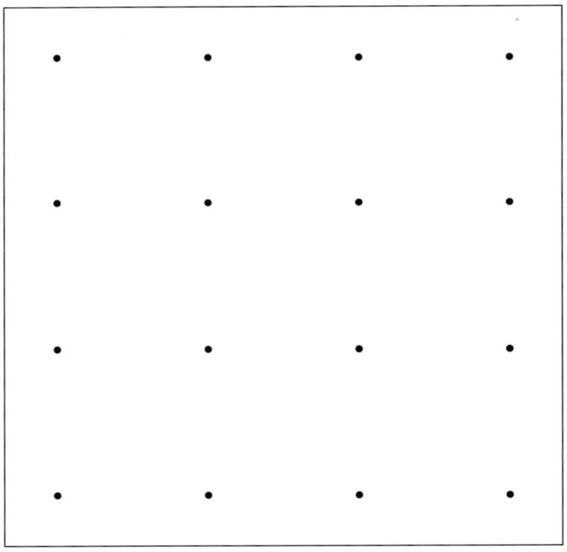

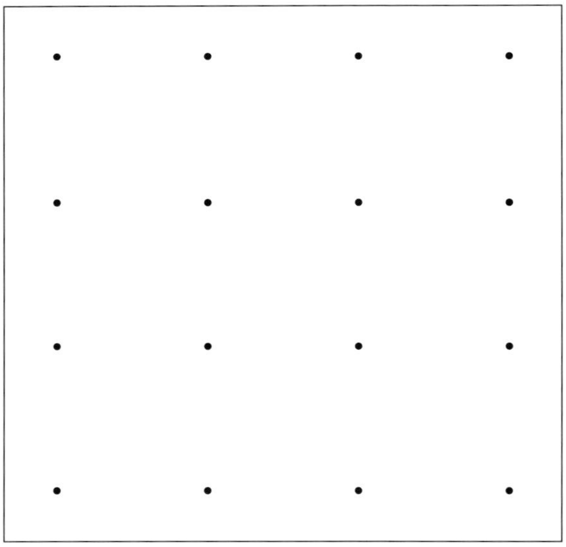

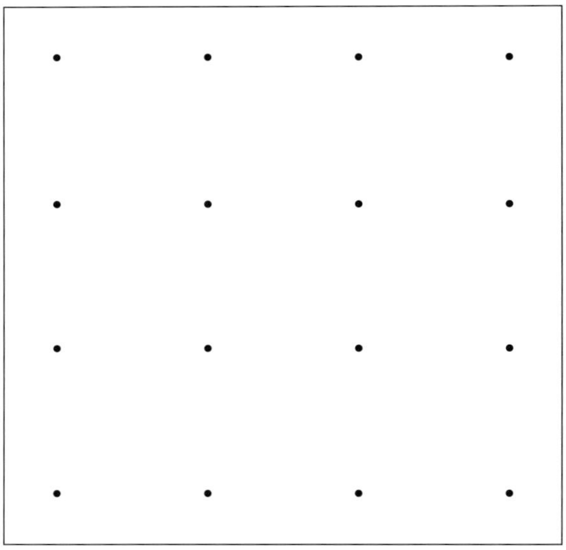

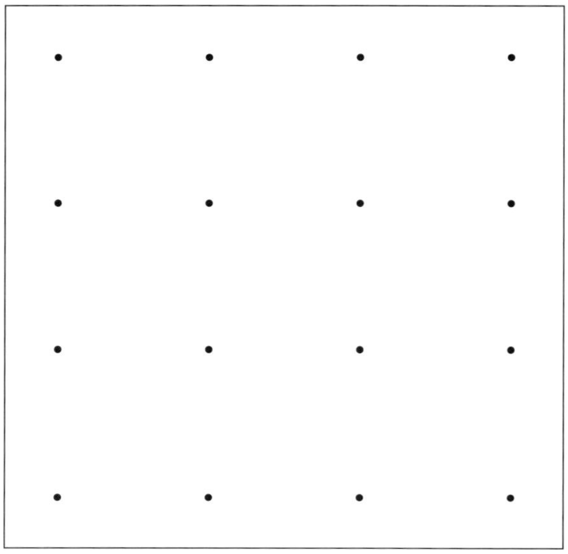

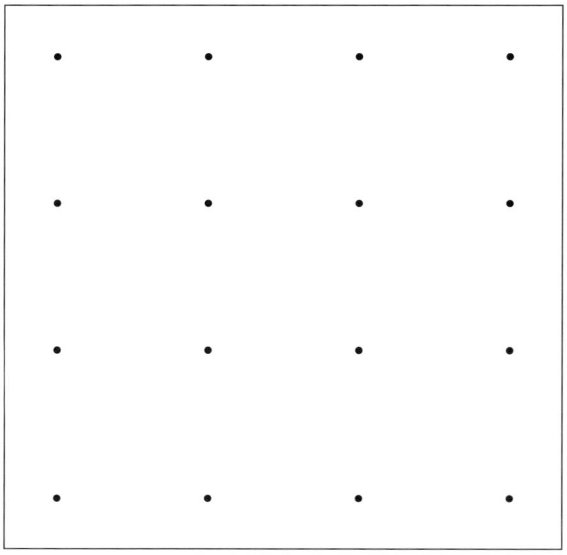

Name: ______________________ Datum: ______________

Geobrett-Gitter 4 • 4 (klein)

Name: ______________________________ Datum: ________________

Geobrett-Gitter 5 • 5 (groß)

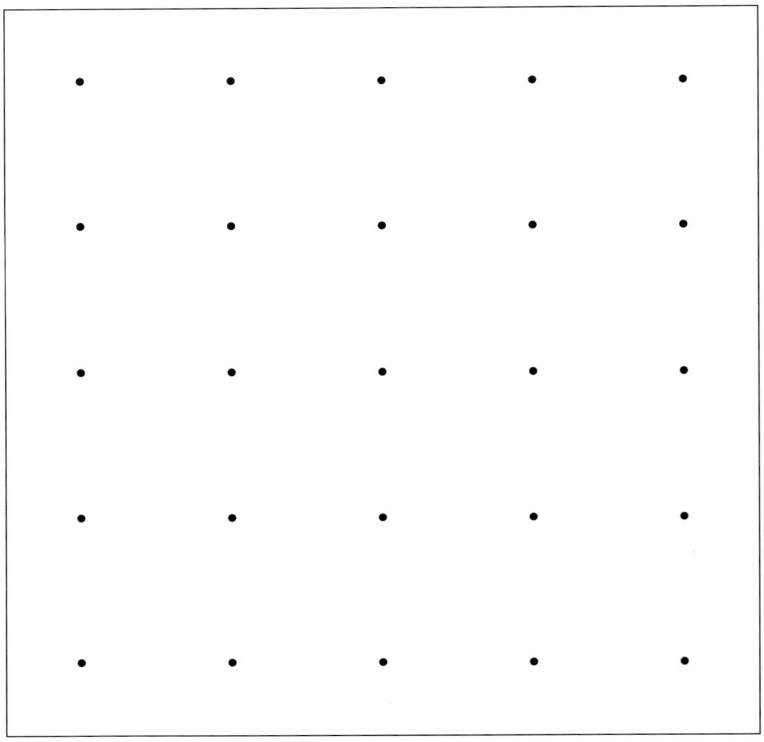

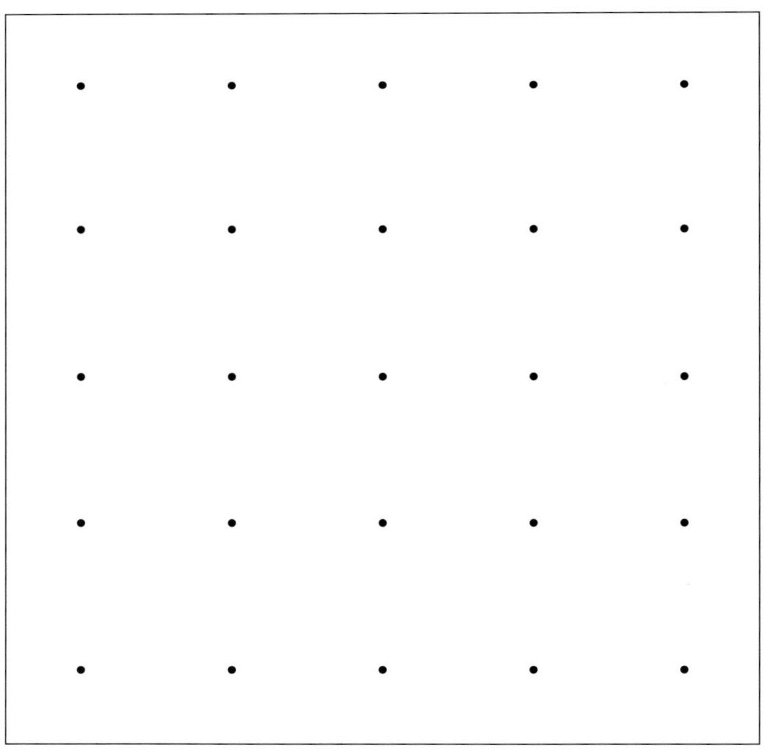

Name: ______________________ Datum: ______________

Geobrett-Gitter 5 • 5 (klein)

Name: ______________________ Datum: ______________

Neuner-Kreis

Name: ______________________________ Datum: ________________

Zehner-Kreis

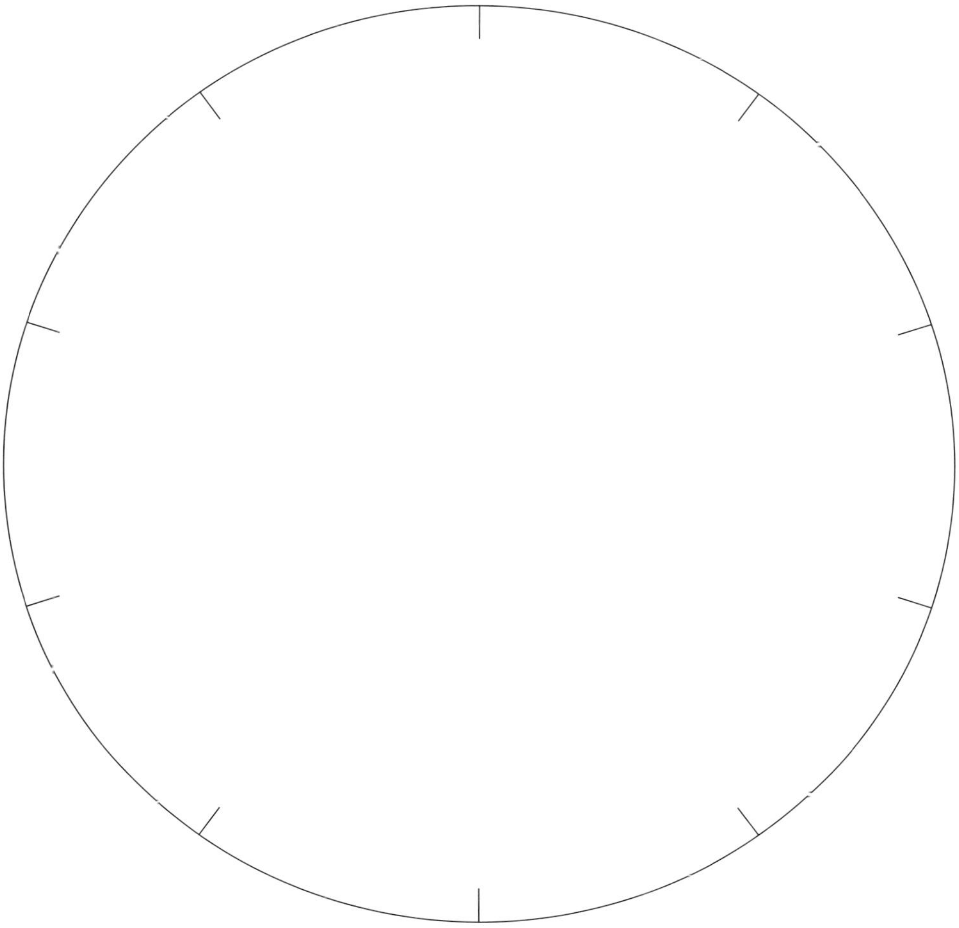

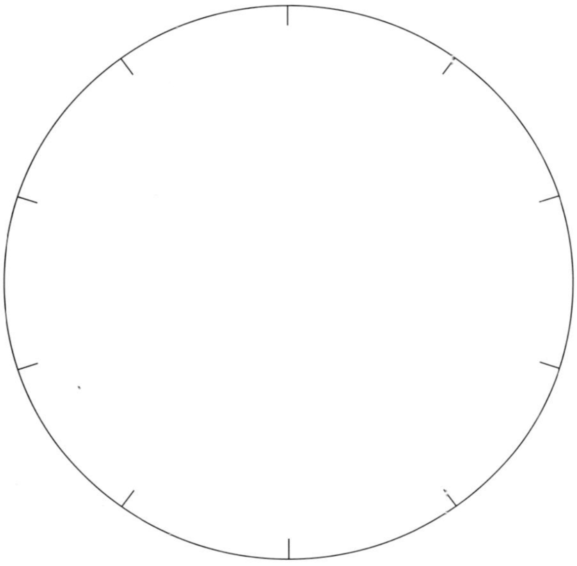

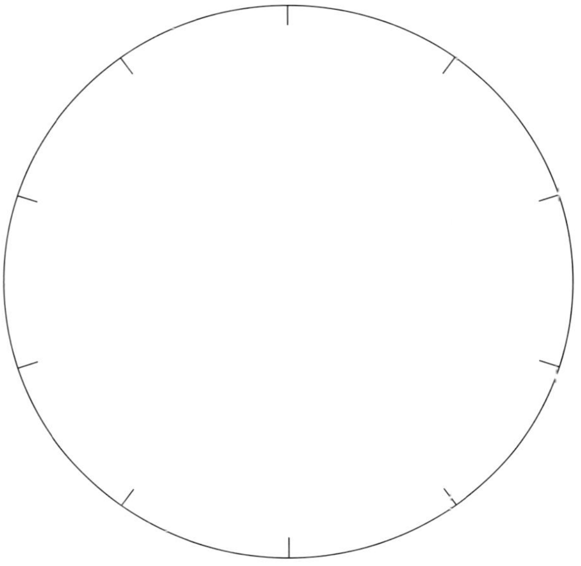

Name: ______________________ Datum: ______________

Zwölfer-Kreis (groß)

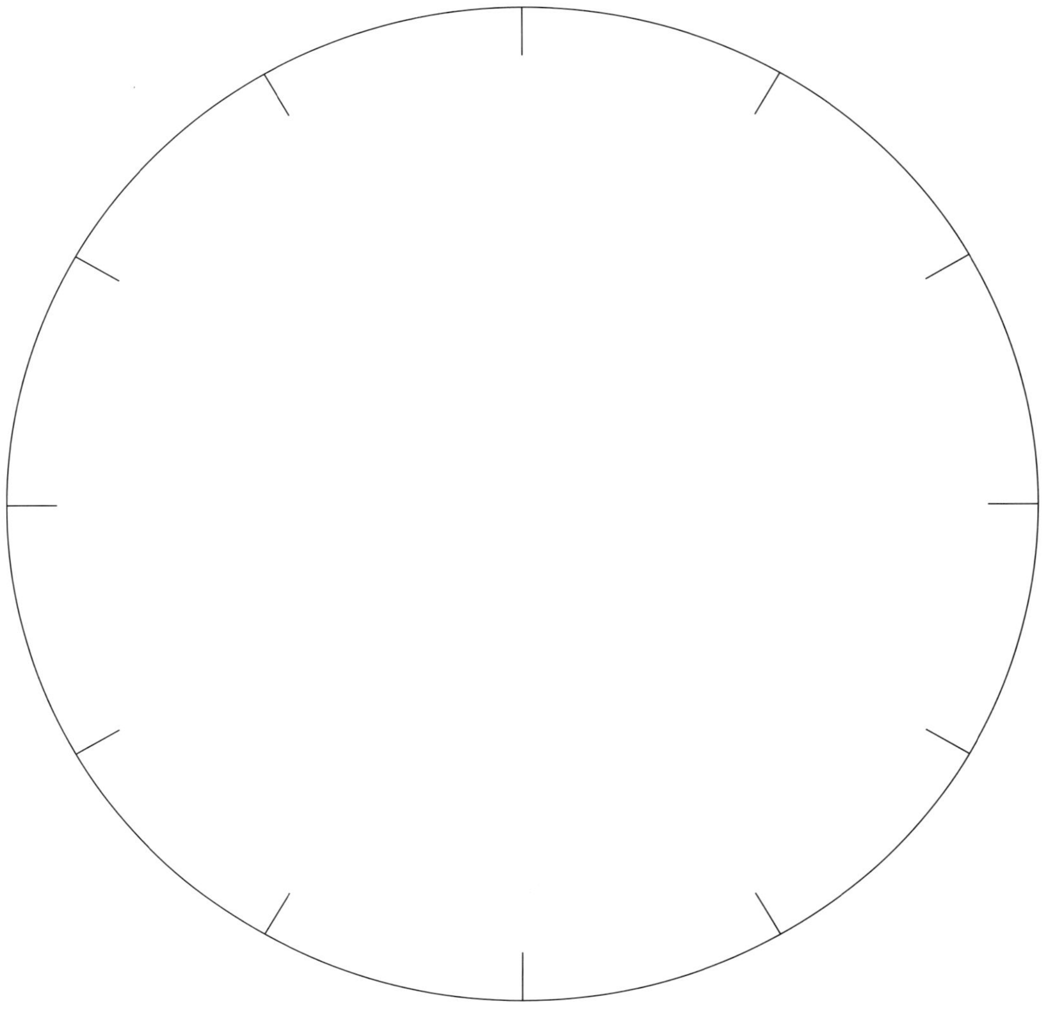

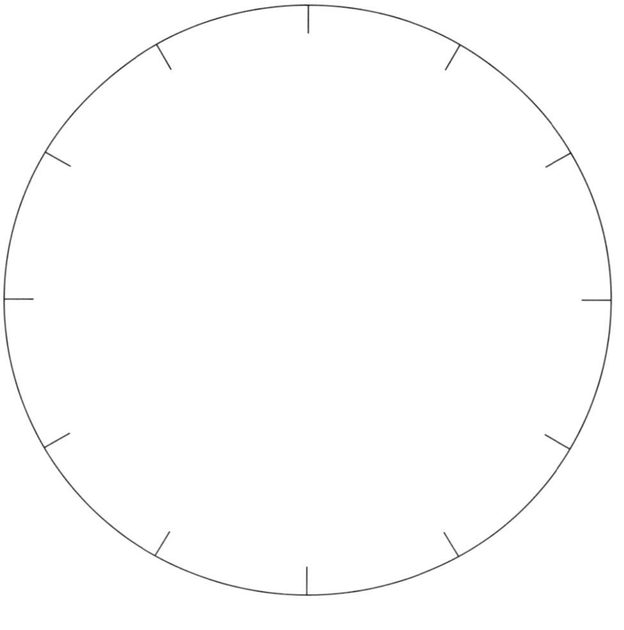

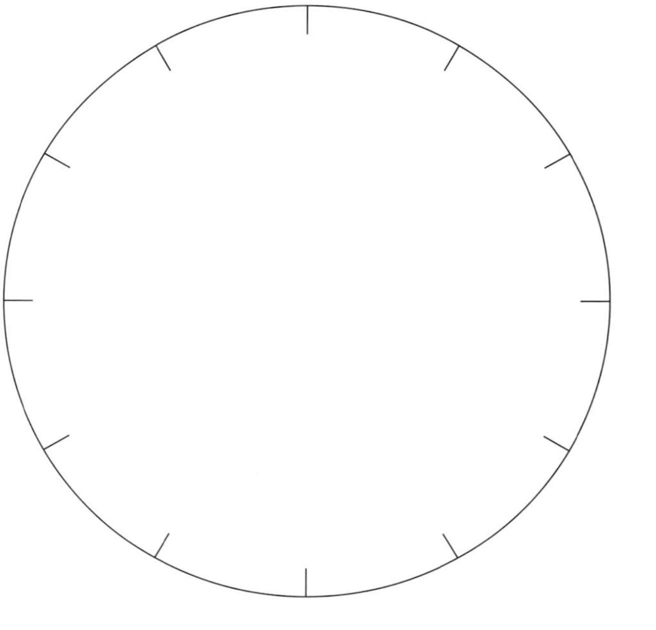

Name: ____________________ Datum: ______________

Zwölfer-Kreis (klein)

Name: ______________________ Datum: ______________

Vierundzwanziger-Kreis

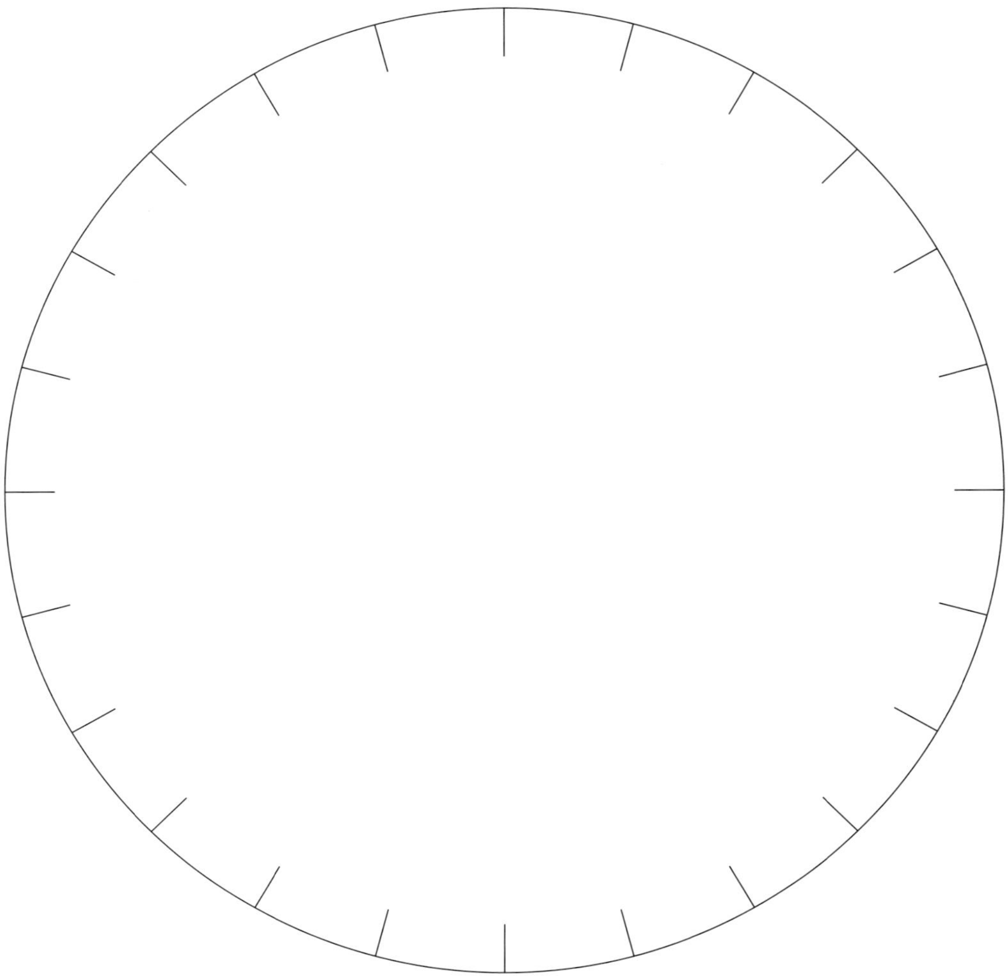

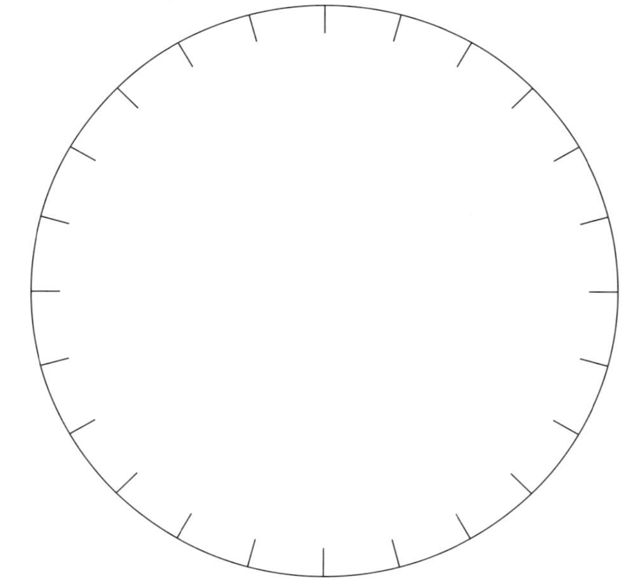

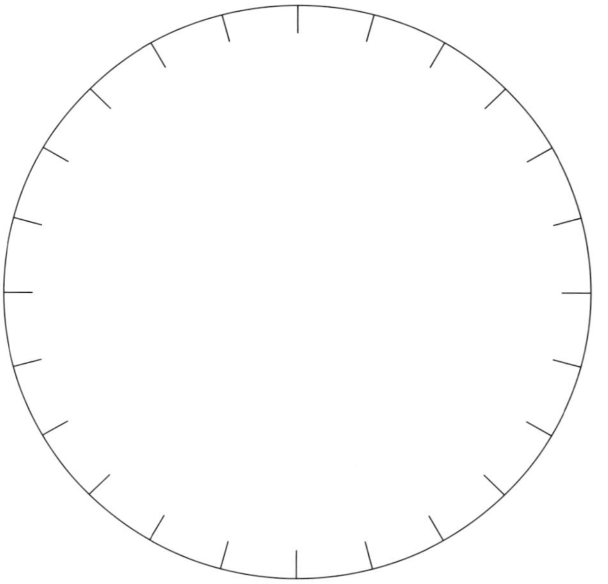

Name: ______________________ Datum: ______________

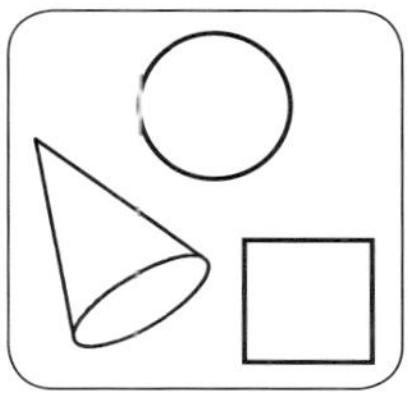

Quadrat-Sechslinge

Name: ______________________ Datum: ______________

Würfelnetz

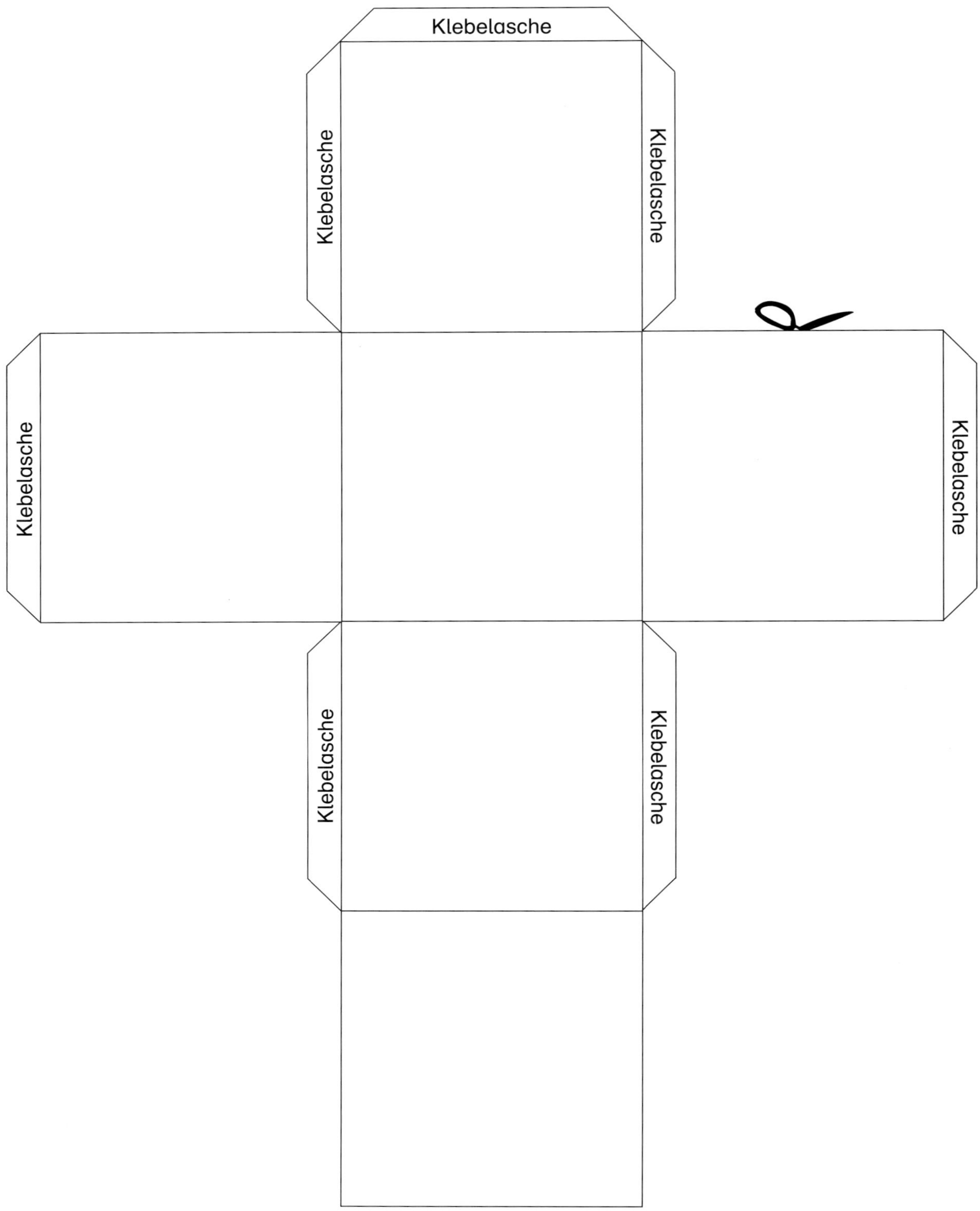

Name: ______________________ Datum: ______________

Quadernetz

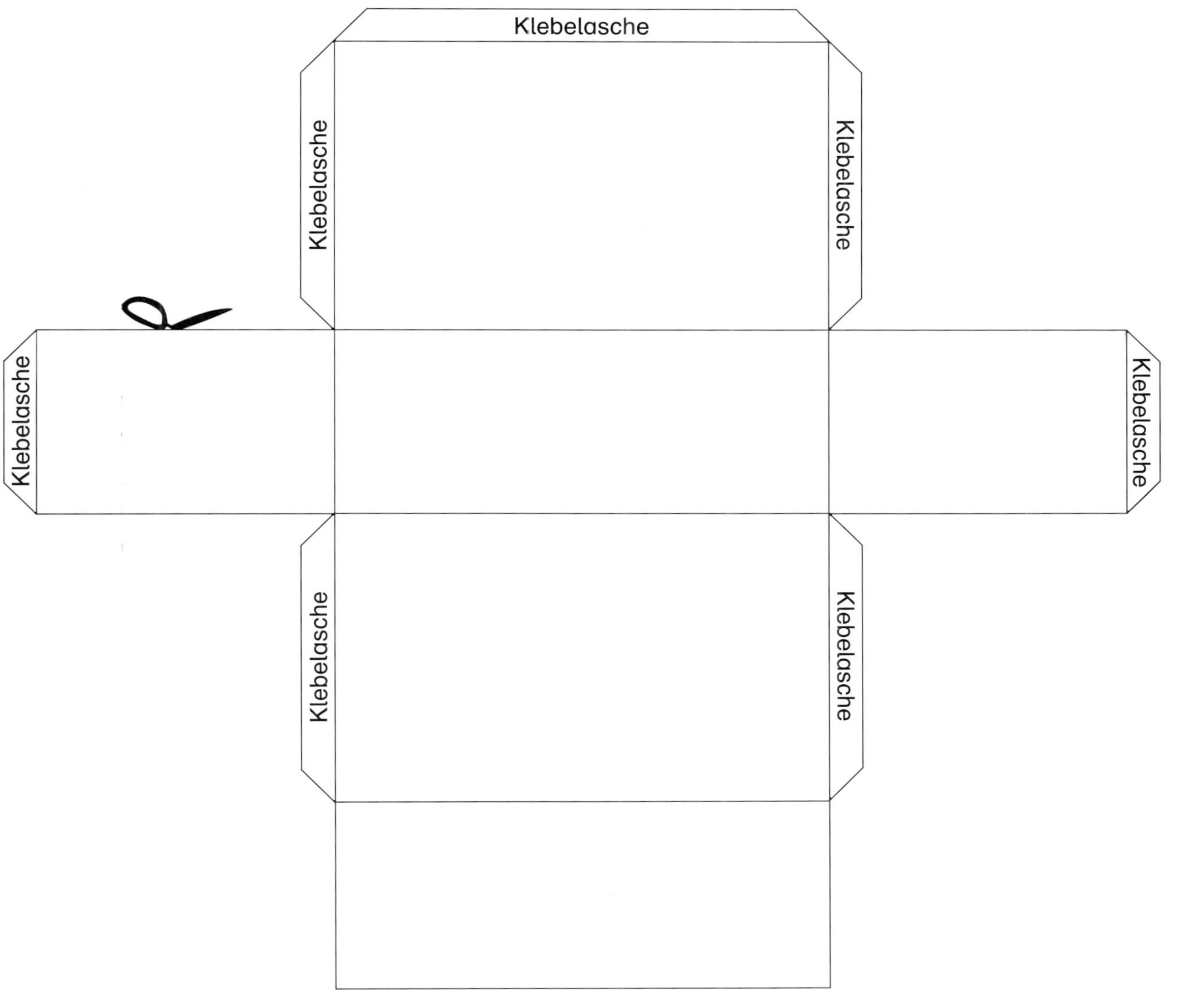

Name: ______________________________ Datum: ______________

Pyramidennetz

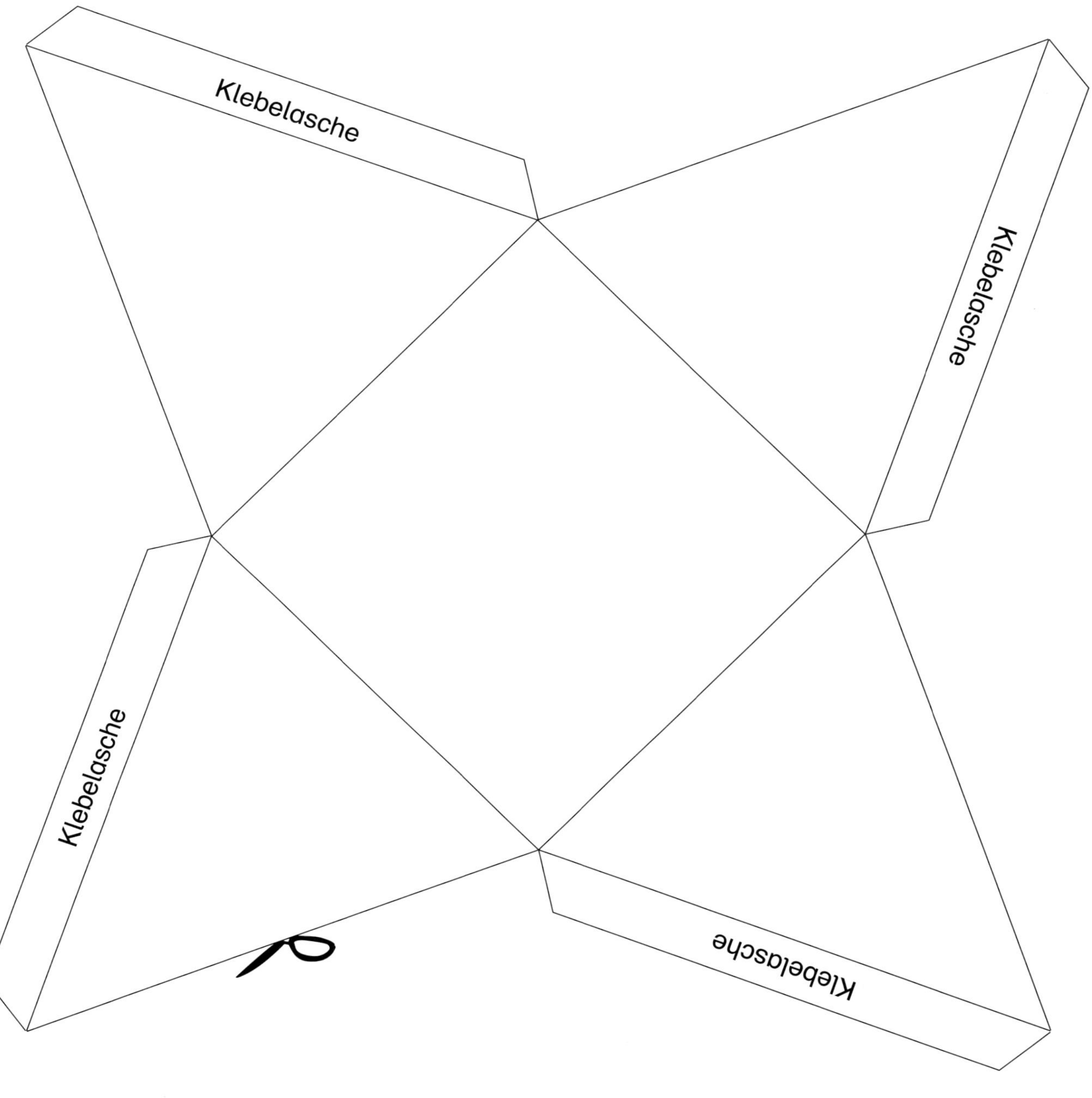

Name: ______________________________ Datum: ________________

Formenkärtchen

Name: ______________________________ Datum: ______________

Tangram mit 7 Teilen

Name: ______________________ Datum: ______________

Tangram mit 5 und mit 7 Teilen

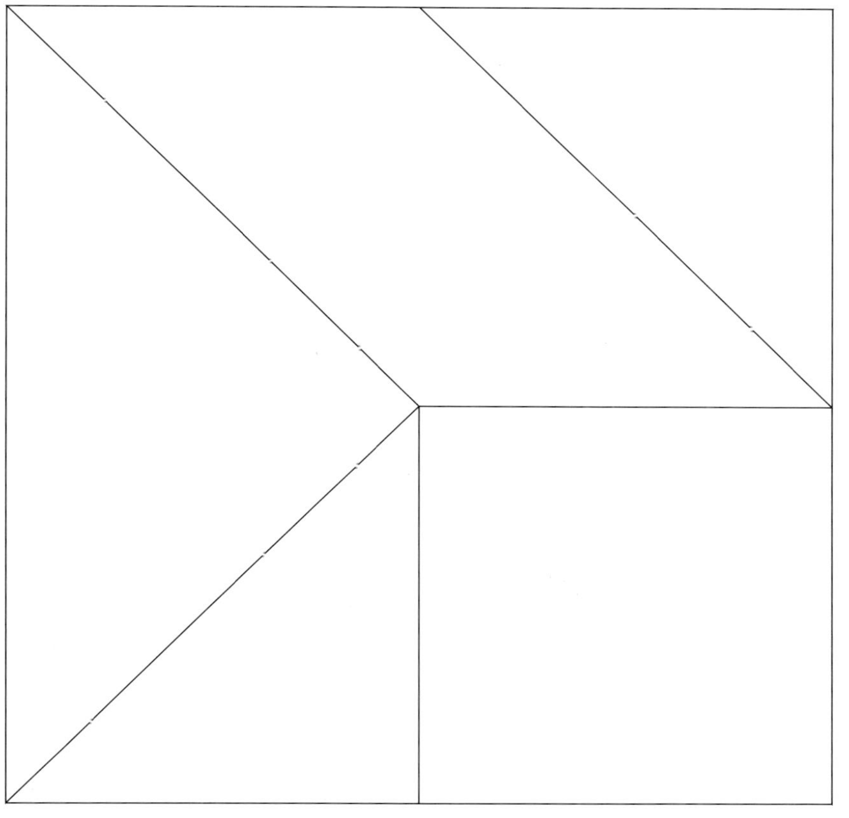

Name: ______________________ Datum: ______________

Domino (Punkte)

Name: ______________________ Datum: ______________

Domino (Zahlen)

0 0	3 1	4 4	6 0
1 0	3 2	5 0	6 1
1 1	3 3	5 1	6 2
2 0	4 0	5 2	6 3
2 1	4 1	5 3	6 4
2 2	4 2	5 4	6 5
3 0	4 3	5 5	6 6

Name: ______________________ Datum: ______________

Positionsgitter

10										
9										
8										
7										
6										
5										
4										
3										
2										
1										
	A	B	C	D	E	F	G	H	I	J

10										
9										
8										
7										
6										
5										
4										
3										
2										
1										
	A	B	C	D	E	F	G	H	I	J

Name: ______________________ Datum: ____________

Koordinatengitter (Linien)

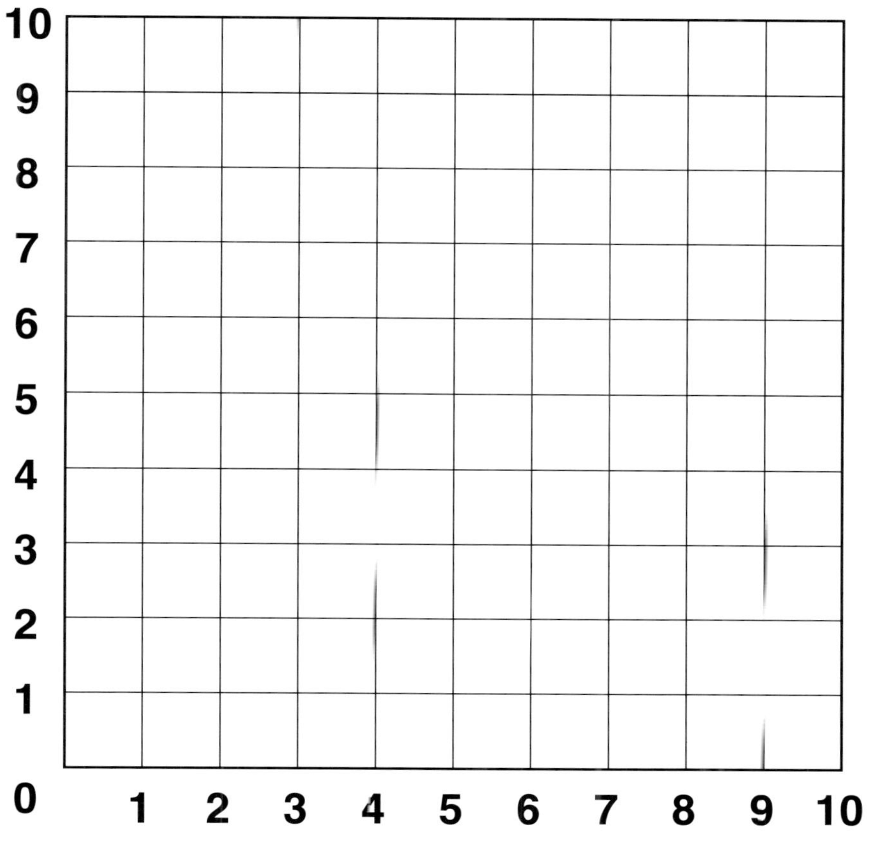

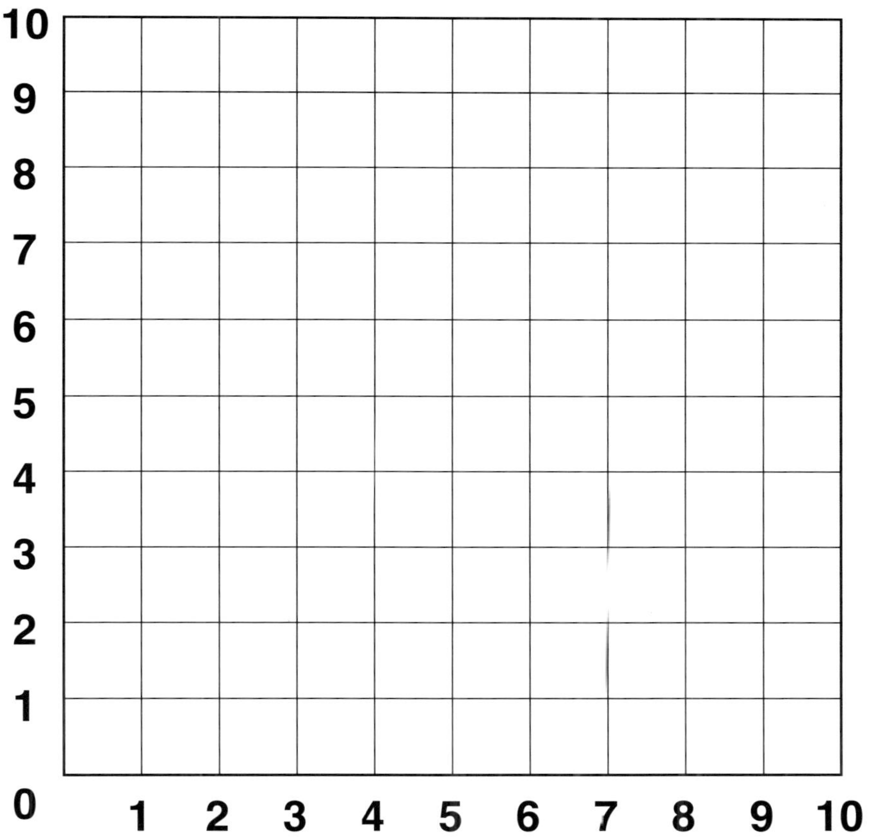

Name: ______________________ Datum: ______________

Koordinatengitter (Punkte)

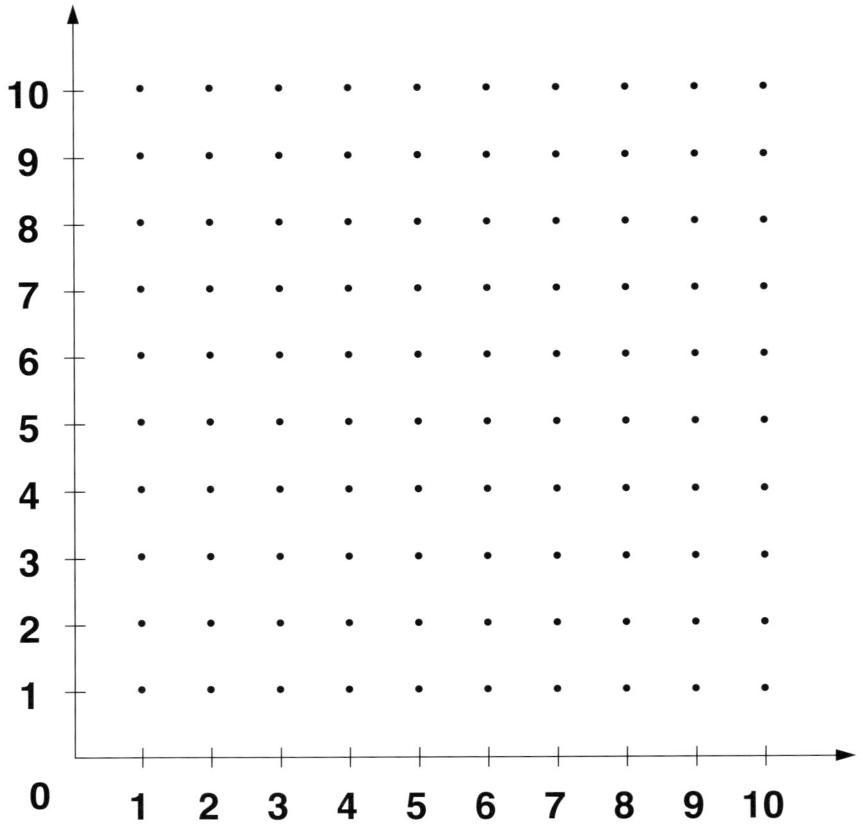

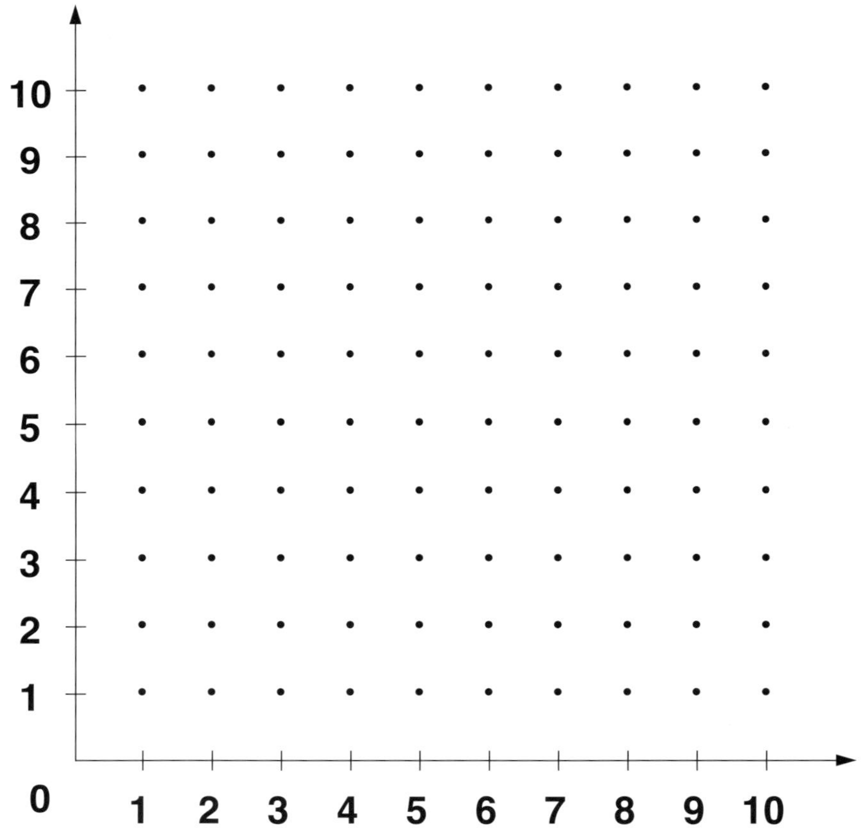

Literatur- und Internettipps

Literaturtipps

Brandenburg, Birgit:
Geometrie: So geht's. 1. bis 4. Schuljahr.
Verlag an der Ruhr, 2001.
ISBN 978-3-86072-638-2

Fink, Christine:
55 Fünf-Minuten-Matheübungen. Kl. 1–4.
Verlag an der Ruhr, 2005.
ISBN 978-3-86072-940-3

Hintze, G.; Kupske, St.; Schöne, D.:
Das kann ich schon – das lerne ich noch:
Mein Könnerheft – Mathematik.
Verlag an der Ruhr, 2006.
Klasse 1: ISBN 978-3-8346-0088-1
Klasse 2: ISBN 978-3-8346-0089-X
Klasse 3: ISBN 978-3-8346-0090-3
Klasse 4: ISBN 978-3-8346-0091-1

Picon, Daniel:
Tangram. Spielen – denken – lernen.
Mehr als 1000 Aufgaben und Lösungen.
Fleurus Verlag, 2004.
ISBN 978-3-89717-277-7

Radatz, H.; Schipper, W.;
Ebeling, A.; Dröge, R.:
Handbuch für den Mathematikunterricht an Grundschulen. 4 Bände.
Schroedel Verlag, 2005.
ISBN 978-3-507-34049-7

Raschendorfer, Nikola; Zajicek, Sabine:
Dyskalkulie – Wo ist das Problem?
Hilfen für den Unterrichtsalltag. Kl. 1–13.
Verlag an der Ruhr, 2006.
ISBN 978-3-8346-0061-5

Schmitt, Elke (Hrsg.):
Den Zahlenraum bis 1000 erarbeiten.
Diagnose- und Fördermaterial – Klasse 3.
Verlag an der Ruhr, 2006.
ISBN 978-3-8346-0188-9

Schmitt, Elke (Hrsg.); Kalipp, Annelie:
Rechenübungen im Zahlenraum bis 1000.
Diagnose- und Fördermaterial – Klasse 3.
Verlag an der Ruhr, 2006.
ISBN 978-3-8346-0189-6

Schmitt, Elke (Hrsg.):
Den Zahlenraum bis 1000 000 erarbeiten.
Diagnose- und Fördermaterial – Klasse 4.
Verlag an der Ruhr, 2006.
ISBN 978-3-8346-0190-2

Schmitt, Elke (Hrsg.), Zink, Barbara:
Rechenübungen im Zahlenraum bis 1000 000.
Diagnose- und Fördermaterial – Klasse 4.
Verlag an der Ruhr, 2006.
ISBN 978-3-8346-0191-9

Internettipps

www.mathematische-basteleien.de
Informationen, Links und Vorschläge zu vielen Bereichen der Unterhaltungsmathematik (z.B. zu Tangrams, Körpern, Formen, Würfelpuzzles).

www.rechenrad.de/intro.html
Schön gemachte interaktive Mathespiele, z.B. zum Zählen und zur Zahlzerlegung.

www.sgs.at/rechenarena
Matheseite von Kidsnet.at mit Rechenaufgaben zum Trainieren.

www.verlagruhr.de
Die in diesem Werk angegebenen Internetadressen haben wir geprüft (Januar 2007). Da sich Internetadressen und deren Inhalte schnell verändern können, ist nicht auszuschließen, dass unter einer Adresse inzwischen ein ganz anderer Inhalt angeboten wird. Wir können daher für die angegebenen Internetseiten keine Verantwortung übernehmen.